目 录

总码

第 3 版出版说明 ·· 001
第 2 版出版说明 ·· 001
第 1 版出版说明 ·· 001
教学及考核建议 ·· 001

第一篇　西餐厨房基础

模块 1　西餐厨房基础 ·· 003
　01　西餐厨房常用设备 Equipments ··· 003
　02　西餐厨房常用工具 Tools ·· 011
　03　西餐制作常用香草与香料 Vanilla and Spice ······························ 016
　04　西餐烹饪方法 Cooking Methods ·· 021

第二篇　西餐制作

模块 2　基础沙拉汁及其衍生汁 ·· 027
　05　白色基础沙拉汁 White Sauce ·· 027
　06　马乃司沙拉汁 Mayonnaise ·· 029
　07　布朗汁 Brown sauce ··· 031
　08　荷兰汁 Hollandaise Sauce ·· 033
　09　番茄汁 Tomato Sauce ·· 035

10 咖喱汁 Curry Sauce ·· 037

模块 3　开胃菜和沙拉 ··· 040
　　11 蔬菜沙拉配银鱼汁 Vegetable Salad with White Bait Juice ·········· 040
　　12 维生素沙拉 Vitamin Salad ·· 041
　　13 土豆泥沙拉配鲜果粒 Mashed Potatos with Fresh Fruit ············· 043
　　14 恺撒沙拉 Caesar Salad ··· 044
　　15 意大利海鲜沙拉 Insalata di Frutti di Mare ······························· 046
　　16 意大利海鲜配香醋汁 Italian Seafood with Vinegar Juice ··········· 048
　　17 大虾青瓜卷 Shrimp and Cucumber Rolls ································· 050
　　18 烟三文鱼玫瑰花配水果莎莎
　　　　Smoked Salmon Roses with Fruit Sasa ··································· 052
　　19 金枪鱼沙拉 Tuna Fish Salad ·· 054
　　20 炸鲜鱿沙拉 Fried Squid Salad ··· 055
　　21 白松露鱼子酱水波蛋配嫩叶沙拉
　　　　White Truffle Caviar with Boiled Eggs and Tender Leaf Salad ········ 057
　　22 烤牛肉配黑松露罗勒酱 Roast Beef with Truffle & Basil Sauce ···· 059
　　23 番茄水牛芝士配罗勒酱
　　　　Buffalo Mozzarella and Tomato with Basil Sauce ······················ 061
　　24 肠仔芝士沙拉 Cheese and Sausage Salad ································ 062
　　25 夏威夷鸡沙拉 Hawaii Chicken Salad ······································· 064

模块 4　汤 ·· 066
　　26 清汤：牛肉清汤配雪利酒 Beef Com Sommé with Sherry ··········· 066
　　27 清汤：蘑菇清茶 Mushroom Tea ·· 068
　　28 蔬菜汤：意大利蔬菜汤 Minestrone Soup ································· 071
　　29 蔬菜汤：番茄蔬菜牛尾汤 Tomato Oxtail Soup with Vegetables ···· 073
　　30 奶油汤：蘑菇奶油汤 Cream of Mushroom Soup ······················· 075
　　31 浓汤：栗子蓉汤 Mashed Chestnut Soup ·································· 076

"十四五"职业教育国家规划教材

中等职业教育餐饮类专业核心课程教材

教育部·中等职业教育改革创新示范教材

西餐制作

（第3版）

主　编　顾健平
副主编　姚路平　罗彬彬　陶　勇
　　　　阳笑松　周建华　张　哲

旅游教育出版社
·北京·

图书在版编目（CIP）数据

西餐制作 / 顾健平主编. -- 3版. -- 北京 ：旅游教育出版社，2023.8（2025.8 重印）
"十四五"职业教育国家规划教材
ISBN 978-7-5637-4582-1

Ⅰ．①西… Ⅱ．①顾… Ⅲ．①西式菜肴－烹饪－职业教育－教材 Ⅳ．①TS972.118

中国国家版本馆CIP数据核字(2023)第135628号

"十四五"职业教育国家规划教材
中等职业教育餐饮类专业核心课程教材

西餐制作
（第3版）

主编 顾健平

副主编 姚路平 罗彬彬 陶勇 阳笑松 周建华 张哲

策　　划	景晓莉
责任编辑	景晓莉
出版单位	旅游教育出版社
地　　址	北京市朝阳区定福庄南里1号
邮　　编	100024
发行电话	（010）65778403　65728372　65767462（传真）
本社网址	www.tepcb.com
E - mail	tepfx@163.com
排版单位	北京旅教文化传播有限公司
印刷单位	唐山玺诚印务有限公司
经销单位	新华书店
开　　本	787毫米×1092毫米　1/16
印　　张	12.25
字　　数	127千字
版　　次	2023年8月第3版
印　　次	2025年8月第4次印刷
定　　价	49.80元

（图书如有装订差错请与发行部联系）

32 浓汤：美国花椰菜忌廉汤 American Cauliflower Cream Soup…… 078

33 鱼虾汤：法式鱼虾汤 French Fish and Shrimp Soup …………… 080

模块 5　热菜 …………………………………………………………… 082

34 煎法国鹅肝配意大利黑醋汁

　　Fried Foie Gras with Italian Black Vinegar ……………… 082

35 扒黑椒牛排 Grilled Steak with Black Pepper ……………… 084

36 扒牛柳心配卑亚妮汁 Grilled Fillet Steak with Béarnaise Sauce …… 086

37 伦敦腰窝牛排 London Broiled Beef Tenderloin ……………… 088

38 俄罗斯炒牛肉 Stir-fried Beef, Russia Style ………………… 089

39 匈牙利式煨牛肉 Simmered Beef in Tomato Soup, Hungarian Style … 091

40 红酒烩牛舌 Braised Beef tongue in red wine ……………… 093

41 罗马式炸小肉饼 Coppiette ……………………………… 095

42 炸吉列猪排 Deep-fried Pork Chops with Rosemary ………… 097

43 诺曼底式焗猪排 Baked Pork Chops, Normandy Style ………… 099

44 扒烟肉卷猪柳 Baconed Pork Tenderloin Roll ………………… 100

45 猪柳卷配白葡萄酒香梨黄芥末汁

　　Fried Pork Tenderloin Rolls with White Wine, Fragrant Pear and

　　Mustard Juice …………………………………………… 102

46 米兰式炸羊排 Deep-fried Lamb Chops, Milanaise Style ……… 104

47 香草烤新西兰羊排 Grilled New Zealand lamb chops with Vanilla … 106

48 贝壳焗鲜虾 Baked Shrimps Served on Shells ………………… 108

49 烤鲜鱼配波菜核桃汁

　　Roasted Fresh Fish with Spinach and Walnut Juice ………… 109

50 橙汁扒鸭脯 Grilled Duck Breast in Mandarin Orange ………… 111

51 烤鸡 Baked Chicken …………………………………… 113

52 红酒烩鸡 Braised Chicken in Red Wine …………………… 115

53 土耳其风味鸡肉卷 Turkey Chicken Rolls ……………………… 116

54 烤鸡胸配意大利米饭跟蘑菇汁
　　Roasted Chicken Breast with Italian Rice and Mushroom juice……… 119

55 渔夫式茄子塔 Baked Eggplant Tower ……………………… 121

56 红咖喱海鲜配米饭 Red Curry Seafood with Rice ……………… 123

57 地中海风味螺纹粉 Baked Fusilli in Tomato, Mediterranean Style ‥ 124

模块 6　甜点 ……………………………………………………… 127

58 英式黄桃布丁 Yellow Peach Pudding, English Style ……………… 127

59 蒸蓝莓布丁 Steamed Blueberry Pudding ……………………… 128

60 巧克力慕斯 Chocolate Mouse ………………………………… 131

61 香蕉慕斯 Banana Mousse ……………………………………… 133

62 香橙扒菲 Orange Parfait ……………………………………… 135

模块 7　意大利面食 …………………………………………… 137

63 海鲜比萨饼 Seafood Pizza ……………………………………… 137

64 意大利肉酱面 Spaghetti Bolognaise …………………………… 139

65 茄汁通心粉 Macaroni with Tomato Sauce …………………… 141

66 焗意大利青面 Lasagne ………………………………………… 142

67 意大利菠菜开心果饺子 Ravioli with Spinach and Pistachio Nut… 144

模块 8　西式早餐 ……………………………………………… 146

68 单面煎蛋 Sunny-side up Eggs ………………………………… 146

69 蘑菇蛋卷 Mushroom Omelet ………………………………… 148

70 炒糊蛋 Scrambled Eggs ………………………………………… 149

71 煮鸡蛋 Boiled Eggs ……………………………………………… 151

72 薄烤饼 Pancakes ………………………………………………… 153

73 华夫饼 Waffles …………………………………………………… 155

74 麦片粥 Oatmeal Porridge ……………………………………… 156

75 煎面包 Fried Bread ……………………………………………… 158

模块 9　西式快餐 · 160
　76 总汇三明治 Club Sandwich · 160
　77 香辣鸡汉堡 Fragrant Spicy Fried Chicken Hamburger · 162

模块 10　开那批 · 164
　78 鸭脯黄瓜卷 Duck Breast and Cucumber Rolls · 164
　79 脆皮吞拿鱼塔 Crispy Tuna Tart · 166
　80 番茄芝士塔 Tomato and Cheese Tart · 167

模块 11　简单的分子料理 · 169
　81 分子球化技术——杧果球
　　 Molecular Spheroidization Technology—Mango Ball · 169
　82 烤海虾龙利鱼配柠檬泡沫
　　 Roasted Shrimp and Sole Fish with Lemon Foam · 170

后　记 · 173

PDF

书中彩图
在线欣赏

以葡萄品种
命名的知名
葡萄酒品牌

西餐与葡萄
酒的搭配

音频类

灶具类

烤箱类

炉具类

机器类

煎煮工具

测量工具

刀叉及手工用具

香草与香料

西餐烹饪方法

视频类

西餐沙拉

尼格斯沙拉

烟熏三文鱼

牛油果三文鱼卷配柠檬橄榄油汁

帕尔玛火腿澳带卷配牛油果

西餐热菜

澳洲牛柳

低温鸭脯配南瓜泥红酒汁

新西兰羊排配洋葱圈

炸鸡汉堡配薯条

第3版出版说明

此教材再版之际,正值中国共产党第二十次全国代表大会胜利闭幕之时。

为贯彻落实党的二十大精神,按照教育部教材局和职业教育与成人教育司要求,我社在前期根据专家审读意见和各省教材排查问题清单、修改完善教材的基础上,结合教材有关内容,及时全面准确体现党中央的最新要求,进一步修改完善了"十四五"职业教育国家规划参评教材、参加复核的"十三五"职业教育国家规划教材,加快推进党的二十大精神进教材,进课堂,进头脑。

首先,落实"立德树人根本任务"进教材。充分发挥教材的思政作用,推进思想政治教育与专业课教材的一体化建设,推动理想信念教育常态化发展,把社会主义核心价值观教育融入教材编写中。具体落实时,或按照中等职业教育旅游类和餐饮类专业不同服务岗位的职责特点、工作内容,在教材中新增"思政教学资源"模块,融入爱国、敬业、诚信、友善等社会主义核心价值观教育,设计了中国服务者宣言;热爱专业,创新奋进;服务业中的劳模;职校生的责任担当;幸福都是奋斗出来的;一起向未来等思政专题。或新增"教学及考核建议""考核标准",特别增加德育考核指标，把课程思政的功能和作用充分体现在专业课教材的编写中，培养造就大批德才兼备的高素质人才。

其次，落实"制度自信、文化自信"进课堂。充分发挥旅游业服务国家"高水平对外开放"的功能和作用，响应国家从以制造业为主的开放扩展到以服务业为重点的开放政策，将教材的编写与开发重点放在培养面向高水平对外开放的旅游服务人才上，开发了《西餐制作》《西式面点制作》《西餐原料与营养》《热菜制作》《冷菜制作与艺术拼盘》《食品雕刻》《酒水服务》《饭店服务情境英语》《导游讲解》《旅游服务礼貌礼节》《旅游概论》等外向型专业课精品教材；或增设"思政教学资源"学习模块，设计了从中国饭店业的发展历程看中国改革开放的伟大成就、中国传统文化中的匠人精神等思政专题；或精选了与教材主题相关的中国非物质文化遗产、红色旅游文化、革命传统文化、餐饮文化、古诗词、礼仪之邦的待客之道等内容，有机融入中华优秀传统文化、革命传统、民族团结、健康中国及生态文明教育，努力构建中国特色话语体系；或把对传统文化的审美融入菜品制作中，体现了教材的思想性、艺术性和适用性，教育学生自信自强、守正创新。

最后，落实"工匠精神和劳模精神"进头脑。重新梳理了旅游类和餐饮类专业的课程设计思路，将工作岗位要求具备的职业意识、职业道德、职业行为规范、创新精神和实践能力等内容融入从"原料选择"到"加工成型"等岗位工作过程中，再按照"由简单到复杂"的认知规律设计学习情境、组成课程内容，每个学习情境都是一个完整的工作过程。这一过程不仅包括了对学生职业技能的培养，更包含了对学生专业精神、职业精神、工匠精神和劳模精神潜移默化的培养。在部分教材中穿插设计"思政教学资源"学习模块，内容涉及凡事预则立，不预则废；让工匠精神照亮职业生涯；劳模精神、劳动精神、工匠精神的深刻内涵；发扬"三牛"精神；服务也需要创新意识；职校生的管理思维等思政专题，把工匠精神和劳模精神武装进头脑。

前期根据专家审读意见和各省教材排查问题清单，我社组织教材编写人员及相关编辑及时制订修改计划，逐条落实专家意见，对《西餐制作》教材进行了较大幅度完善。

第一，课程前新增"教学及考核建议"，让学生通过"独立地获取信息""独立地制订计划""独立地实施计划""独立地评价计划"，在动手实践中掌握职业技能和专业知识，构建属于自己的经验和知识体系；通过行动导向教学方法的实施，让学生学会学习、学会工作、学会计划与评估，培养学生的方法能力；通过小组学习的方式，要求学生学会与他人共处、学会做人，在学习过程中培养自己的社会能力。

第二，在每篇篇首新增"考核标准"，特别增加德育考核指标，让学生在掌握专业技能的同时，感知每一道面点背后的专业精神、职业精神、工匠精神和劳模精神，充分发挥课程思政的功能和作用。

第三，根据专家意见，已制作完成西餐热菜及西餐沙拉8个教学视频。时机成熟时将接着拍摄西餐汤类，沙拉汁，布丁、慕斯及冻子类食品，意大利面食，西式快餐，西式早餐，开那批和简单分子料理等八大类菜品的制作视频。为满足西餐烹饪对专业外语常识的使用需求，教材还配有西餐常用工具设备、主要菜式、西餐烹饪方法、香料和香草及主要调味品等专业外语听力练习资源。此外，教材还附有西餐与葡萄酒的搭配知识等拓展学习资源。通过配套教学资源的逐步完善，我们力求为学生提供多层次、全方位的立体学习环境，使学习者的学习不再受空间和时间的限制，从而推进传统教学模式向主动式、协作式、开放式的新型高效教学模式转变。

第四，重新调整课程内容，删减合并同类菜品，按西餐上菜顺序对各模块内容进行重组，将学习模块由第2版的17个压缩为11个。具体讲，将模块 3-7 的"汤类"菜品全部合并为"汤";将模块 10-12 的面点全部合并为"甜点",经合并,菜品数量由 97 道减为 78 道;经调整,将同类原料的菜品编排在一起。

第五,重新配图和修图,将单色印刷改为彩色印刷,以提升读者的阅读体验感。

本教材秉承做学一体能力养成的课改精神,适应项目学习、模块化学习等不同学习要求,注重以真实生产项目、典型工作任务等为载体组织教学单元。

教材以"篇"布局,分为西餐厨房基础篇和西餐制作篇。西餐厨房基础篇主要介绍了西餐制作常用工具设备、西餐烹饪方法及常用香料和香草。西餐制作篇用 10 个专业模块串连起 78 道西餐菜式的制作方法,内容涵盖沙拉汁、开胃菜和沙拉、汤、热菜、甜点、意大利面食、早餐、快餐、开那批及简单的分子料理。每道菜式按知识要点、准备原料、技能训练、拓展空间、温馨提示五部分展开写作。知识要点部分,主要介绍了制作每一道西餐菜式必须掌握的基础知识和必备工具;准备原料部分,罗列了制作主辅料;技能训练部分,按操作流程进行讲解,分步骤阐述技能操作的先后顺序、标准及要点;拓展空间部分,为满足学生个性化需求准备了小技能或小知识;温馨提示部分,总结了为降低学习成本而建议采用的替换原料及其他注意事项。

本教材既可作为中职院校学生的专业核心课教材,也可作为岗位培训教材。

旅游教育出版社
2023 年 6 月

第 2 版出版说明

《西餐制作》是在2008年首版《西餐制作教与学》基础上改版而来，自出版以来，连续加印、不断再版。2014年，《西餐制作教与学》入选教育部第二批中等职业教育改革创新示范教材；2020年，改版后的《西餐制作》入选"十三五"职业教育国家规划教材。

为满足中等职业教育旅游类和餐饮类专业人才的培养需求，贯彻落实《职业教育提质培优行动计划（2020—2023年）》和《职业院校教材管理办法》精神，我们成立修订工作组，对《西式面点制作》进行了修订。此次修订，主要根据西餐岗位实操需要，选择典型工作任务拍摄制作了8个教学视频，内容涉及西餐沙拉类、热菜类和甜点类菜品的制作。通过观看教学视频，能够更直观地把教学重难点讲解到位，提高学生对专业知识的理解能力和动手能力。

概括起来，第2版教材主要按以下要求修订：

（一）以马克思列宁主义、毛泽东思想、邓小平理论、"三个代表"重要思想、科学发展观、习近平新时代中国特色社会主义思想为指导，有机融入中华优秀传统文化、革命传统、法治意识和国家安全、民族团结及生态文明教育，弘扬劳动光荣、技能宝贵、创造伟大的时代风尚，弘扬精益求精的专业精神、职业精神、工匠精神和劳模精神，努力构建中国特色、融通中外的概念范畴、理论范式和话语体系，防范错误政治观点和思潮的影响，引导学生树立正确的世界观、人生观和价值观，努力成为德智体美劳全面发展的社会主义建设者和接班人。

（二）内容科学先进、针对性强，公共基础课程教材要体现学科特点，突出职业教育特色。专业课程教材要充分反映产业发展最新进展，对接科技发展趋势和市场需求，及时吸收比较成熟的新技术、新工艺、新规范等。

（三）符合技术技能人才成长规律和学生认知特点，对接国际先进职业教育理念，适应人才培养模式创新和优化课程体系的需要，专业课程教材突出理论和实践相统一，强调实践性。适应项目学习、案例学习、模块化学习等不同学习方式要求，注重以真实生产项目、典型工作任务、案例等为载体组织教学单元。

（四）编排科学合理、梯度明晰，图文并茂，生动活泼，形式新颖。名称、名词、术语等符合国家有关技术质量标准和规范。

（五）符合知识产权保护等国家法律、行政法规，不得有民族、地域、性别、职业、年龄歧视等内容，不得有商业广告或变相商业广告。

第 2 版修订情况对照表

序号	第 1 版		第 2 版修订情况		
	页码	内容	页码	内容	修订原因
1	001	前言	001	新增第 2 版说明	对教材的修订情况、定位、内容简介等进行了说明
2	001	前言	001	改写第 1 版出版说明、将二维码统一放至全书最后	全书统一格式
3	028	拓展空间——橄榄油	028	重写第一段	优化

续表

序号	第1版		第2版修订情况		
	页码	内容	页码	内容	修订原因
4	031	帕尔马干酪	031	统一为"帕尔玛奶酪"	按行业惯例或标准统一原料的名称
5	032	巴马干酪	032	统一为"帕尔玛奶酪"	按行业惯例或标准统一原料的名称
6	037	法芥	037	法国芥末酱	按行业惯例或标准统一原料的名称
7	039	帕尔马奶酪	039	统一为"帕尔玛奶酪"	按行业惯例或标准统一原料的名称
8	040	帕尔马奶酪	040	统一为"帕尔玛奶酪"	按行业惯例或标准统一原料的名称
9	043	珊瑚装饰片	043	珊瑚形装饰片	优化
10	047	鸭脯肉	047	统一为"鸭胸肉"	前后统一
11	048 049	椰花菜	048 049	花椰菜	错误
12	065	主料	065	新增"草莓汁少许"	与制作过程统一
13	078	露笋	078	芦笋	错误
14	082	红萝卜	082	胡萝卜	错误
15	100	无	100	新增"味汁-布朗汁50克"	与制作过程统一
16	119	扒牛柳心配卑亚妮汁	119	重写技能训练3、4、5	优化
17	123	意大利菜的口味特点	123	重写拓展空间"意大利菜"	优化
18	129	调味品	129	删去	与制作过程统一
19	134	无	134	新增"柠檬黄油汁用料"	与制作过程统一

续表

序号	第1版		第2版修订情况		
	页码	内容	页码	内容	修订原因
20	172	无	172	新增技能训练6	优化
21	174	挤袋、花嘴	174	裱花袋、裱花嘴	错误
22	201	糊底	201	煳底	错误
23		后记	212	调整后记	增加再版作者分工
24			214–215	新增二维码资源介绍及二维码	全套书统一格式
25			216	新增尼格斯沙拉、烟熏三文鱼、牛油果三文鱼卷配柠檬橄榄油汁、帕尔玛火腿澳带卷配牛油果4道西餐沙拉,以及澳洲牛柳、低温鸭脯配南瓜泥红酒汁、新西兰羊排配洋葱圈、炸鸡汉堡配薯条4道西餐热菜的制作微视频资源	突出理论和实践相统一、强调实践性

本教材既可作为中职院校学生的专业核心课教材,也可作为岗位培训教材。

旅游教育出版社

2021年11月

第1版出版说明

2005年，全国职教工作会议后，我国职业教育处在了办学模式与教学模式转型的历史时期。规模迅速扩大、办学质量亟待提高成为职业教育教学改革和发展的重要命题。

站在历史起跑线上，我们开展了烹饪专业及餐饮运营服务相关课程的开发研究工作，并先后形成了烹饪专业创新教学书系，以及由中国旅游协会旅游教育分会组织编写的餐饮服务相关课程教材。

上述教材体系问世以来，得到职业教育学院校、烹饪专业院校和社会培训学校的一致好评，连续加印、不断再版。2018年，经与教材编写组协商，在原有版本基础上，我们对各套教材进行了全面完善和整合。

上述教材体系的建设为中等职业教育旅游类和餐饮类专业核心课程教材的创新整合奠定了坚实的基础，中西餐制作及与之相关的酒水服务、餐饮运营逐步实现了与整个产业链和复合型人才培养模式的紧密对接。整合后的教材将引导读者从服务的角度审视菜品制作，用烹饪基础知识武装餐饮运营及服务人员头脑，并初步建立起菜品制作与餐饮服务、餐饮运营相互补充的知识体系，引导读者用发展的眼光、互联互通的思维看待自己所从事的职业。

首批出版的中等职业教育旅游类和餐饮类专业核心课程教材主要有《热菜制作》《冷菜制作与艺术拼盘》《食品雕刻》《中式面点制作》《西式面点制作》《西餐制作》《西餐烹饪英语》《西餐原料与营养》《酒水服务》共9个品种，以后还将陆续开发餐饮业成本控制、餐饮运营等品种。

为便于老师教学和学生学习，本套教材同步开发了数字教学资源。

旅游教育出版社

2019年1月

教学及考核建议

"西餐制作"是中等职业教育餐饮类专业核心课程，建议授课319学时，其中，理论学习20课时、实操学习259课时、拓展空间灵活把握的部分为40课时。教材供2年使用，教材使用者可根据需要和地方特色增减课时。

教材以学生为中心，以项目为载体，实施"教、学、做"一体化教学模式及考核模式。在教学中教师与学生互动，让学生通过"独立地获取信息""独立地制订计划""独立地实施计划""独立地评价计划"，在动手实践中掌握职业技能和专业知识，构建属于自己的经验和知识体系，培养学生的专业技能；通过行动导向教学方法的实施，让学生学会学习、学会工作、学会计划与评估，培养学生的方法能力；通过小组学习的方式，要求学生学会与他人共处、学会做人，在学习过程中培养自己的社会能力。

本课程采用"教、学、做一体"的教学模式，以项目为单位，每学习完一个项目即进行与项目相关的考核。考核方法多元化，小组互测、教师考核等多种方法相结合。考核成绩按大纲要求按比例计入总成绩。其中，学生自评占20%，教师理论考核占30%，教师实操考核占50%。

教学目标

1. 能熟练掌握各类西餐热菜及面点的制作流程。

2. 能正确、熟练地使用西餐制作设施设备，并能及时妥善保养。

3. 操作时养成良好的成本管理习惯。

4. 养成服务意识与团队合作意识。

5. 学会举一反三，培养创新意识。

德育目标

1. 具有良好的职业道德，熟悉行业卫生要求。

2. 具有较强的团队协作能力。

3. 具有创新制作各类西餐菜品的拓展能力。

教学方法

1. 基于工作岗位，将职业意识和职业道德培养潜移默化地用于教学设计中。

2. 集中式"教、学、做"一体的现场教学方法。

3. 项目引导、任务驱动教学法。

4. 自主探究、合作式学习。

5. 实操综合能力测试。

课时安排

1. 理论课：20%。

2. 实操课：80%。

第一篇 西餐厨房基础

学习导读

本篇学习的是西餐厨房基础知识，主要讲述了西餐厨房常用设备、西餐厨房常用工具、西餐制作常用香草及香料，以及主要的西餐烹饪方法。为服务"高水平对外开放"，所有专业设备及专业术语均标注了英文译法及听力练习资源。

◆ 考核标准 ◆

项目	标准	分值
德育	具有良好的职业道德，有学习热情	30
	培养安全用电、安全操作的良好习惯	
	熟知食品卫生安全要求，能节约食材，减少浪费	
理论	能识别西餐制作常用设备、工具及其英文名称	20
	掌握西餐常用香草、香料的外形特征、英文名称及用途	
	掌握不同的烹饪方法要领	
技能	掌握西餐制作设备的使用方法，能安全、卫生操作	50
	掌握各种设施设备的正确操作方法	
	掌握常用工具的使用及清洁保养流程	
	能将不同香料正确运用到西餐制作中	
	掌握与西餐制作相关的技能技法和产品加工流程标准	

模块 1
西餐厨房基础

01 西餐厨房常用设备
Equipments

灶具类 Kitchen Ranges

● 电灶 electric range

● 煤气灶 gas range

1. 火灶：火灶分为电灶和煤气灶两种，是西餐成熟设备。煤气灶的优点是加热速度最快，用后容易关掉；缺点是每个燃烧口一次只能使用一只锅，烹调量有限。

2. 注意事项：

（1）打开煤气开关前，应确保点火器已点燃。如果未点着火，应关掉煤气，并保持通风一段时间，再次点燃。

（2）调节好火力，保证最大火力时火苗为蓝色焰身、白色焰尖。

（3）未烹调食物时，平顶灶不能处于高温状态，否则会损坏平顶。

◀ 烤箱类 baking ovens ▶

● 远红外线烘烤炉
far-infrared roaster

● 对流式烤箱
convection oven

● 旋转式烤箱
rotary oven

● 多功能烤箱
multifunctional roaster

● 烟熏烤箱
smoked oven

烤箱，又叫烤炉，是制作西餐的关键设备之一，为食品成熟工具。烤炉的式样很多，没有统一的规格。

1. 普通型烤箱：普通型烤箱主要通过发热管产生热量，在封闭式的空间内烹调食物，每层的温度都可以单独调节。

注意事项：

（1）以下注意事项适用于其他种类的烤箱。

（2）使用前，要充分预热烤箱，但不要超时，以节约能源。

（3）避免能量损失，不要中途停炉，不使用烤炉时不要打开烤箱。

（4）注意烤炉各层间和食物间要留有空隙，以利于热量流通循环。

2. 对流式烤箱：对流式烤箱内装有风扇以利于烤箱内的空气对流和热

量传递。该类烤箱的加热速度快，各层间的空隙可更小些，因此更节省空间和能量。

注意事项：

（1）由于对流式烤箱加热速度快，烤制食品的收缩性比普通型烤箱大，因此，合理控制烹调时间是使用该类烤箱的关键。若超时，食物很可能干硬。

（2）对流式烤箱在运行时，不要将鼓风机关掉，否则会烧坏电机。

（3）对流式烤箱的强热量会使一些松软的食品变形，如蛋糕可能会出褶子。

3. 旋转式烤箱：这种大型厨具也被称作卷式烤箱，主要用于烤制面包等需要大量制作的食物。它是在大大的炉膛内的一个转轮型的装置上摆上多层架子或烤盘，这种装置可以来回转动，避免了炉内热量不均。

4. 多功能烤箱：这是一种比较新型的烤箱，具有三种功能，它可以当做对流式烤箱，可以当做蒸柜，还可以同时具备以上两种烤箱的功能而成为高湿度烤箱。高湿度烤箱可随时往烤箱内加入湿气，避免被烘制的食品收缩和干化。

5. 烧烤烤箱或烟熏烤箱：烧烤烤箱与普通型烤箱非常相似，只有一点不同之处是：烧烤烤箱会产生烟，围绕在食物周围，增添食物的味道。这种烤箱与一般加热器的工作原理一样简单，都是使热量达到一定的高度，既可使木炭产生烟，又不使木炭燃烧起来产生火焰。

◆ 炉具类 ovens ◆

● 微波炉 microwave oven

● 明火烤炉 salamander oven

● 架烤炉 grill stove

● 平烤炉 griddle oven

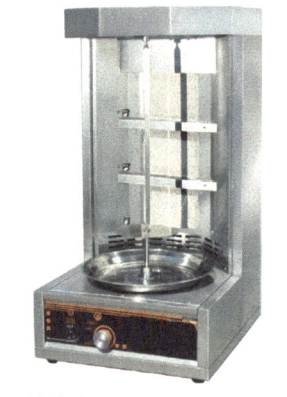
● 电转烤肉机 electric grill machine

● 炸炉 gas fryer

● 倾倒式锅 tilting kettle

● 华夫炉 waffle maker

  1. 微波炉：微波炉是西餐成熟设备。这种炉具中装有特制的电子管，能产生微波辐射，使食物内部产生热量，达到让食物成熟的目的。

2. 明火烤炉：明火烤炉是西餐成熟设备，有时也被称作墙上明火烤炉、上火烤炉或炙烧炉，以免与架烤炉混淆。明火烤炉从食物上方产生热量，食物放在热源的下方。主要用来给食物的表层上光上色，也可在就餐高峰期烹调少量的食品。加热时一定要密切注意食物的状况，以防食物被烧焦。加热温度主要靠调节食物托台的高度来控制。

3. 架烤炉：架烤炉为西餐成熟设备，与墙上明火烤炉的功能相似，只是架烤炉的热源一般来自架烤炉下方。许多人喜欢烤制的食物，因为动物脂肪在架烤炉上方产生的油烟会使食物产生一股"焦炭"的芳香味道。架烤炉有许多不同的类型，按其热源不同可分为电架烤炉、煤气架烤炉和木炭架烤炉。正确使用架烤炉很重要，要根据不同食物调节架烤炉的温度，同时要保持架烤炉清洁，因为高温常常会使油脂燃起来。

4. 平烤炉：平烤炉为扁平光滑的食物加热设备，可将食物放在上面直接加热。薄烤饼、法式吐司、汉堡包和许多肉、蛋、土豆等都用平烤炉来加工。平烤炉既可单独使用，也可以作为灶的一部分使用。每次用完平烤炉后都要及时清洗，擦拭其表面，直到发亮为止。擦拭前，要先抹掉上面的残渣，以免出现划痕。可在平烤炉表面放少量的油，均匀铺满表面各部分，加热到200℃，然后擦干净，再重复此程序直到炉体表面光滑为止。

5. 电转烤肉机：电转烤肉机是肉类食品的成熟设备，它是通过红外线产生的热量给食物加热，把食物放在电、气加热设备前，通过慢慢转动食物来烹制食物。电转烤肉机主要用于烹调鸡鸭等禽类食物，也可烹调穿在肉扦上的其他肉类食物。一般有全封闭式和非封闭式两种。小的电转烤肉机一次可装8只鸡，大的则可装70只鸡。

6. 炸炉：炸炉是食物成熟器具，一般以电、气为加热能源，内有类似于恒温器的设施，可以调节温度使其保持在烹制所需的温度上。炸炉分为自动炸炉和高压炸炉两种。自动炸炉可自动将食物炸好，高压炸炉是利用高压在盖着盖的炸盒内炸制食物，在油温很低时，也可炸好食物。

普通炸炉的清洗步骤：

（1）打开阀门，把油过滤到一个干的容器中（或者倒掉）。

（2）用洗涤剂刷洗炸槽内部，并用清水冲洗。

（3）擦干并晾干炸槽、加热器和炸筐。

（4）重新装入刚倒出的油或新油。

7. 倾倒式锅：倾倒式锅也叫倾倒式煎盘，为西餐成熟设备，它用途广泛，效能高，可以当作平烤炉、煎盘、焖锅、汤锅、蒸锅、汤炉、蒸汽台等。倾倒式锅是一种大而浅的平底锅，也可以说是一种带盖儿的周边边高6英寸（160毫米）的平烤炉，它有倾倒功能，可使锅内的溶液流出。每次用完后要及时清洗，不能等到食物残渣干在里面时再洗。清洗时，要重新注入水，打开锅加热，进行彻底冲洗。

8. 华夫炉：华夫炉也叫煎饼炉，用于煎制西饼。炉体为不锈钢机身，有高速电发热管，两头分别独立控制。每个头每小时可烘制15块华夫饼。自带不粘锅面层，清洗时注意不要刮坏。

◆ 机器类 Machines ◆

搅拌、切片、粉碎机

1. 搅拌机：搅拌机是面包店和厨房配置的最重要的工具，主要用来搅拌食品和进行食品加工。它由几部分组成：搅拌桨是一种扁平的铲子，主要用来搅拌；金属丝抽子用来搅拌奶油、蛋和制作蛋黄酱；面团臂用来搅拌和揉捏发酵面团。

注意事项：

（1）开动机器前，要固定好搅拌桶和各部件。

（2）在擦洗搅拌桶或往里插勺子、刮刀或伸入手之前，要先切断电源，防止造成严重伤害。

（3）变速前要先停机。

2. 小型食物打碎机：小型食物打碎机是将食品原材料打碎的专用工具，为不锈钢外壳，电子操控，刀片每分钟工作1400转。该设备除能打碎蔬果外，还可将肉打碎，其S形刀片，可将肉类打碎至肉泥状。

3. 绞肉机：绞肉机主要用来把肉绞碎。其工作原理是将原料从一个直管中送到一个搅拌齿轮中，把肉由旋转的刀片切碎。在安装使用时，要确保刀片安装稳妥，刀刃朝外。

4. 切片机：切片机是切制食物的专用工具，用切片机削的食物厚度比用手工削得更均匀、大小更一致。多数现代化切片机的刀片都倾斜一定的角度，这样切下的片就不容易破碎或打卷。切片机分为手动和自动两种，手工操作机器时，操作人员必须前后拉动台架来切削食物。自动切片机是用电动机带动台架前后移动来将食物切片。

注意事项：

（1）使用切片机前，应确保机器安装稳妥。

（2）手动切制食物时，要用手掌根部力量挤压食物进行切削，这样可以避免手部受伤，也可使食物受力更均匀，切出来的片更整齐一致。

（3）停用机器或清洗机器时，要将调节肉片厚度的按钮调至"0"的位置上。

（4）拆卸和清洗机器时，要将电源插头拔下来。

（5）利用随机携带的磨石磨刀片，保持刀片锋利。

5. 打蛋机：打蛋机是西餐厨房食物搅拌器具，主要通过机器的高速运转，把鸡蛋蛋清和蛋白充分搅匀。

食物冷藏设备

6. 电冰箱：电冰箱是食物储藏设备。食品质量的好坏很大程度上取决于冷藏设备的好坏。冰箱有冷藏和冷冻之分。冷藏箱能将食品保存在4℃以下的环境中，防止细菌生长、食物受损变质。冷冻箱则用来长时间保存食物或保存冷冻食品。

要使冰箱高效运转，必须注意以下几点：

（1）摆放食品时，中间要留空隙。食物不靠在冷藏箱的内壁上，以便冷空气流通。

（2）关严门，拿进拿出食物时动作要快，拿完后立即关上门。

（3）储存的食品要盖好、包好，避免变干或串味。

（4）保持箱内清洁。

机器类 Machines

● 搅拌机 blender

● 小型食物打碎机 smashing appliances

● 绞肉机 meat chopper

● 切片机 slicer

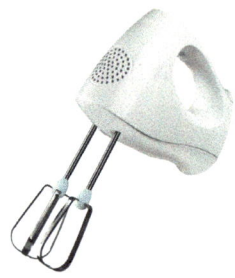
● 打蛋机 egg beater

● 电冰箱 refrigerator

> 我们已经为您准备好了西餐厨房常用设备的英文听力练习，请您移驾《西餐烹饪英语》，那里有图有真相！

02 西餐厨房常用工具
Tools

◀ 煎煮工具类 cooking Pots ▶

● 汤锅 stockpot　　　　● 大炖锅 saucepot

● 长柄平底锅 saucepan　　● 煎盘 frying pan

1. 厚底高身汤锅：不锈钢厚底高身锅即汤锅，是一种体积大、两边垂直的深锅，用来做高汤。带龙头的汤锅不用把锅拿起来就可以把锅内的水放尽，而保留其中的固体物质。

2. 厚底矮身汤锅：不锈钢厚底矮身锅即沙拉汁锅，是圆形中等深浅的锅，与汤锅类似，只是稍浅些，更容易搅拌食物，用来做汤、沙拉汁和其他液体食物。

3. 大炖锅：大炖锅呈圆形，宽口，有双耳，锅壁垂直、锅身稍浅，用来炖肉和给肉上色。

4. 长柄平底锅：即沙拉汁平底锅，与小型沙拉汁锅类似，只是没有两边的圆环把手，而是一个长把，两边垂直或倾斜。用在一般的灶上，调汁与做汤均可。

5. 煎盘：也叫斜边炒盘，用来炒或煎肉、鱼、蔬菜、蛋类食物。直径型号为6~14英寸（160~360毫米）。斜边使厨师不用铲即可抛翻菜点，而且容易盛菜。

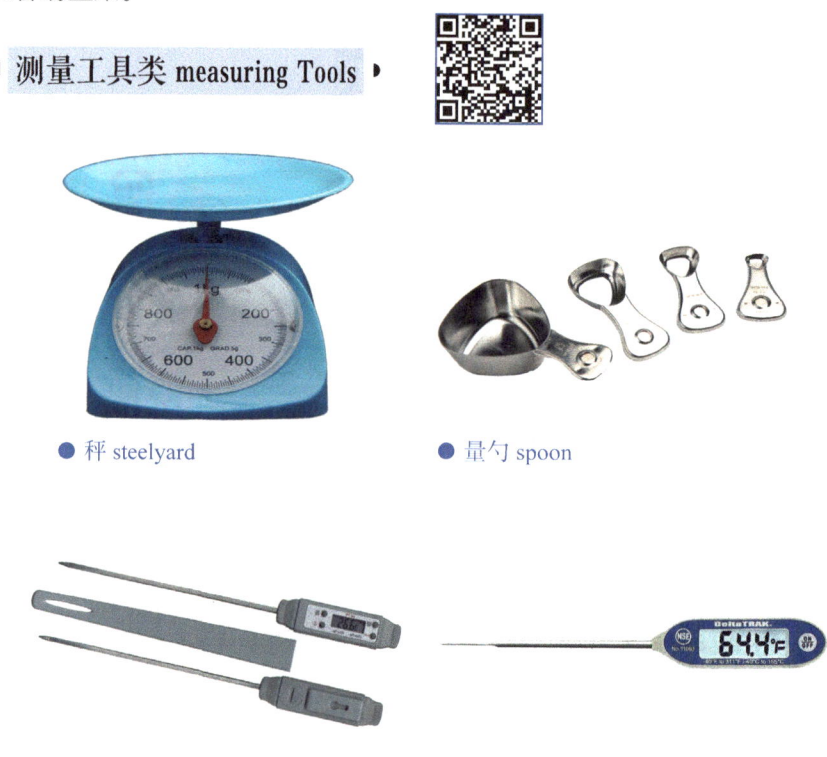

● 秤 steelyard　　● 量勺 spoon

● 温度计 thermometer

1. 秤：秤是测定物体重量的器具。在许多食谱中，配料是以重量为单位计量的，因此，准确称重非常重要。在西餐制作中，秤有台秤和天平秤两种，台秤是用来称量配料的最常用的工具，而天平秤主要用于面包房称量。

2. 量勺：量勺用来称量用量极少的物质，分为1汤勺、1茶勺，0.5茶勺和0.25茶勺。

3. 温度计：温度计是测量温度的仪器，在西餐制作中，多用于测量所烹制食物的温度，以利于正确掌握制品的最佳操作时间。

在西餐制作中，测量制品温度的温度计有以下几类：

（1）肉温温度计：肉温温度计用来测量肉的内部温度，在烹调前插入肉中，烹调时留在里面。

（2）速读温度计：将速读温度计插在烹制食物中几秒就可显示温度。许多厨师把它插在衣袋里，需要时立即拿出来用。在烤肉时，不能将其留在肉中。

（3）油脂温度计和糖浆温度计：用来测量炸油和糖浆等温度极高的食物的温度。

（4）特制温度计：还有些特制的温度计，用来测量烤箱、冷藏箱和冰箱的准确温度。

刀叉及手工用具类 Knives, forks & other utensils

- 万用刀 chef's knife
- 锯齿刀 cake knife
- 剔骨刀 boning knife
- 砍刀 chopping knife
- 蛤刀 clam knife
- 磨刀棒 knife-sharpener
- 挖球勺 digging scoop
- 厨叉 chef's fork
- 滚轮比萨切刀 roller pizza cutter

- 炒勺 spoon for stir-frying
- 漏勺 perforated ladle
- 蛋抽 egg beater
- 分割器 egg splitter
- 波纹刀 corrugated knife
- 多面刨 grater
- 胡椒碾 pepper mill
- 肉锤 meat pounder
- 红木走槌 rolling pin
- 意粉夹 spaghetti clip

  1.万用刀或沙拉刀：万用刀是一种窄窄的尖刀，长6~8英寸（160~200毫米）。多用于制作冷菜，如切制蔬菜、水果等，还可用来片鸡或鸭。

  2.锯齿刀：锯齿刀与切片刀相似，刀刃为锯齿形，用来切面包、蛋糕等食品。

  3.剔骨刀：用来剔除带骨红肉（牛羊肉等）骨头的西餐厨房常用刀具。刀身较长，在刀尖处收窄，刀锋锋利。

  4.砍刀：用来斩断带骨原材料的西餐厨房常用刀具。

  5.蛤刀：蛤刀刀片微宽，坚硬、短小，稍微带点儿刃，用来打开蛤的壳。

6. 磨刀棒：磨刀棒是刀具中不可缺少的一员，用来磨刀，保持刀刃锋利。

7. 挖球勺：挖球勺用来把水果、蔬菜挖成小球形。刀片为小杯子状，呈半球形。

8. 厨叉：厨叉是长柄、两齿的叉子，分量重，用来叉起和翻转肉或其他食物。

9. 滚轮比萨切刀：滚轮比萨切刀是带柄、刀片可旋转的圆形刀具，主要用来切面团和烤熟的比萨，可切出直边或波浪花边。

10. 炒勺：炒勺一般为不锈钢材质，用来搅拌和翻炒食物。

11. 漏勺：漏勺用来从液体中捞起固体食物，多为不锈钢材质。

12. 蛋抽：蛋抽也叫打蛋刷，是用不锈钢丝卷成环状固定在柄上的一种搅打工具。用来搅打鸡蛋、奶油、荷兰汁或者比较稀且分量不多的液体。

13. 分割器：分割器有单用和双用之分，材质以塑料和合金的较为常见，主要用来分割煮熟的鸡蛋。

14. 波纹刀：波纹刀的刀刃不很锋利，主要用来切制薯条，或美化蔬菜原料配菜。

15. 多面刨：在西餐制作中，多面刨主要用来加工蔬菜和奶酪。它有四个操作面，分别用来加工不同规格的丝、条、片和屑末。

16. 胡椒碾：胡椒碾是将颗粒状胡椒碾制成所需粗细度的一种工具。

17. 肉锤：肉锤为合金材质，常用的为双面，也有五面的。主要是利用锤打的外力来破坏肉质的结构。

18. 红木走槌：常用于制作西点时擀制较厚的面皮，在开酥皮时使用较多。

19. 意粉夹：意粉夹，是将炒制好的意大利粉装盘的专用工具，可将粉盘好。

> 我们已经为您准备好了西餐厨房常用工具的英文听力练习，请您移驾《西餐烹饪英语》，跟着标准发音学认西餐厨房常用设备。

03
香料 西餐制作常用香草与香料
Vanilla and Spice

香料是由植物的根、茎、叶、种子、花及树皮等，经干制加工制成。香料香味浓郁、味道鲜美，广泛应用于西餐烹调中。

作为调料的香草，主要是鲜嫩的茎、叶、花、果实等。香草可以广泛用于做馅、烧汤、烧烤、烘烤、煮粥、蒸饭等，同时具有装饰作用。

- thyme 百里香
- rosemary 迷迭香
- sage 鼠尾草
- parsley 法香；欧芹
- basil 罗勒
- mint 薄荷

- saffron 藏红花
- clove 丁香
- lavender 薰衣草
- five spices powder 五香粉
- paprika 红椒粉
- curry 咖喱；curry powder 咖喱粉
- curry paste 咖喱酱
- wasabi 山葵
- horse-radish 辣根
- onion 洋葱
- shallot 胡葱
- garlic 大蒜
- ginger 姜

● truffle 松露菌

● morchella 羊肚菌

● tricholoma matsutake 松茸

● mushroom 双孢蘑菇

● enoki mushroomn 金针菇

● turmeric 姜黄，姜黄根

● rhubarb 大黄（茎部）

> 我们已经为您准备好了西餐烹饪常用香草及香料的详细介绍，请您移驾《西餐烹饪原料与营养》，开启一段不平凡的香料与香草之旅！如果想强化听力练习，可前往《西餐烹饪英语》。

04
烹饪 西餐烹饪方法
Cooking Methods

烹饪方法，是指根据原料、刀工、调味、成菜要求等的不同，将原料加热成熟的方法。西餐的烹饪方法有很多，使用不同的烹饪方法，菜肴的色泽、质地、风味和特色会有所不同。根据烹饪的介质划分，可以分为以水、油、空气、铁器为介质的四类烹饪方法。

- 煎 stir-fry（锅中放油，将原料两面翻转受热成熟，如煎牛排等）

- 嫩煎 sauté（锅中放油，将原料单面受热成熟，如单面煎鸡蛋）

- 扒 grill（将加工成形的原料加调料腌制，放在扒炉上加热成熟，如扒鸭脯等）

- 熏 smoke（在专用熏炉内，将炉底调料点燃后熏制菜肴，如烟熏三文鱼等）

● 炸 deep-fry（用旺火让原料在油中受热成熟，如炸薯条、炸猪排等）

● 烤 bake（把食材放在容器中置入烤箱中烤，如烤面包、饼干等）

● 烤 broil（用火烤、焙、炙等，如烤虾等）

● 烤 roast（把食材直接放入烤箱中烤，如栗子馅烤火鸡等）

● 煮 boil（用水煮，如煮鸡蛋等）

● 焖 braise（先用干加热法给肉等原料过油或着色，然后用湿加热法用文火将肉炖熟，如红焖肉块等）

- 烩 meeting（将经过汆烫或油煎的半成品放入有沙拉汁的锅内用文火煮沸，如红酒烩牛舌等）
- 煨 simmer（将禽畜等块状生原料与辅料煎黄，同时用文火和微火交替烧酥，如煨牛肉等）

- 炖 stew（用小火烧或慢慢煮沸来烹饪食物，如炖鸡汤等）
- 腌 marinate（把原料浸泡于泡汁中，如腌小黄瓜等）

请您移驾《西餐烹饪英语》，用标准的美式发音做出一盘烹饪英语大餐！

第二篇 西餐制作

学习导读

　　本篇学习的是西餐制作基础知识，主要讲述了西餐从前菜、调味汁、主菜、甜点、面点到分子料理等的制作方法。为服务"高水平对外开放"，所有西餐菜式均标注了英文名称。通过识别西餐菜式的英文名称，可以基本了解每道菜品的主料、配料及烹饪方法。

◀ 考核标准 ▶

项目	标准	分值
德育	搭配原料、使用原材料时有良好的成本管理习惯	30
	有团队合作能力	
	能举一反三，有创新意识	
	具有进行职业生涯规划的能力	
	有较强的心理调节能力，能潜心进行菜式研究	
	具有适应岗位转换、进行职业拓展的能力	
理论	熟悉各类沙拉、汤、热菜、甜点、意大利面食及快餐、分子料理等的制作工艺流程	20
	能区分各类菜肴的口味特点	
	掌握各类烹饪技法，并能灵活运用	
技能	熟悉各类原料，能根据烹饪需要进行必要的原料加工	50
	掌握各类菜品出品的要点及难点	
	能准确迅速装盘，装盘新颖	

模块 2
基础沙拉汁及其衍生汁

05 白色基础沙拉汁
White Sauce

▶ 知识要点 ◀

1. 沙拉汁：沙拉汁是"Sauce"的译音，又称少司、沙司，是专门用于制作菜点的调味汁。

2. 沙拉汁的作用：沙拉汁的作用是确定菜肴的口味，增加菜肴的美观度，改善菜肴的口感。

3. 主要工具：主要有沙拉汁锅、煎盘、蛋抽、炒勺等。

▶ 准备原料 ◀

主　料 | 牛奶 200 毫升、基础汤 300 毫升

配　料｜低筋面粉 100 克

调味品｜盐 4 克、胡椒粉 3 克，香叶 1 片

用　油｜黄油 100 克

◆ 技能训练 ◆

1. 用黄油把面粉炒香，呈微黄色，得到油面酱，备用。

2. 将一半基础汤加温至 50℃，再放入油面酱搅拌，至汤与面粉完全成为一体。

3. 加入其余的基础汤和香叶，在微火上煮制 20 分钟，边煮边搅动，然后放入盐、胡椒粉即可。

◆ 拓展空间 ◆

用白色基础沙拉汁可制作出下列沙拉汁：

1. 奶油莳萝沙拉汁（Dill Cream Sauce）：在用鱼基础汤制作的白沙拉汁内加入莳萝、奶油、白葡萄酒，煮透，调好味即可。此沙拉汁常用于烩海鲜。

2. 红花奶油沙拉汁（Saffron Cream Sauce）：在奶油沙拉汁内放入用干白葡萄酒煮好的或用热水泡好的红花，煮透即好。

3. 龙虾沙拉汁（Lobster Cream Sauce）：

原料：龙虾壳 300 克、干葱头 30 克、胡萝卜 30 克、芹菜 20 克、香叶 2 片、迷迭香 5 克、白沙拉汁 200 毫升

做法：

（1）把虾壳和切碎的胡萝卜、干葱头、芹菜、香叶、迷迭香放入烤箱烤上色，投入锅内，加水煮半小时，过滤，成基础汤底。

（2）另取一只锅放入白色基础沙拉汁，再加入虾基础汤，煮成浓稠状即可。

此汁适用于制作鱼类及其他海鲜类菜肴。

◆ 温馨提示 ◆

1. 要选用低筋面粉并过筛，以免产生颗粒。

2. 用黄油炒面粉时，火不宜过大，炒至微黄呈蜂窝状即可。

3. 将炒好的面粉投入基础汤时必须用蛋抽迅速搅匀，否则易产生颗粒。

4. 注意控制基础汤中的油脂量，量多不易保存。

06
沙拉 马乃司沙拉汁
Mayonnaise

▶ 知识要点 ◀

1. 制作沙拉汁的原理：通过抽打蛋黄，使脂肪乳化成稠糊状。
2. 沙拉：沙拉是西餐中所指的凉拌菜。
3. 主要工具：制作沙拉汁的主要工具有不锈钢盆、蛋抽等。

▶ 准备原料 ◀

主　料 | 橄榄油 250 克、法国芥末酱 20 克、新鲜鸡蛋黄 2 个、牛肉汤底 15 克
调味品 | 盐 5 克、胡椒粉 3 克、柠檬汁或米醋 10 毫升

▶ 技能训练 ◀

1. 将沙拉汁盆洗净、消毒、擦干。
2. 将鸡蛋黄、盐、胡椒粉、芥末酱放入盆内，倒入牛肉汤底，淋入柠

檬汁或米醋，用蛋抽充分搅匀。

3. 一手逐次徐徐加入橄榄油，一手持蛋抽顺一个方向搅打，至油与蛋黄充分融合至黏稠状。

4. 油加完即可。

◀ 拓展空间 ▶

用马乃司基础沙拉汁的制作方法可衍生出其他沙拉汁的做法。

千岛汁

主料：马乃司 600 克

辅料：番茄沙拉汁 150 克，煮鸡蛋 1 个，酸黄瓜 30 克，花生米 25 克，柠檬汁、白兰地酒、盐、胡椒粉适量

鞑靼沙拉汁

主料：马乃司 250 克

辅料：酸黄瓜 50 克，青椒 25 克，芫荽末 10 克，柠檬汁、盐、胡椒粉适量

橄 榄 油

世界上橄榄油的主产地主要分布在地中海沿岸，其中尤以西班牙、希腊和意大利三个国家出产的橄榄油最为优质。与红酒类似，优质橄榄油瓶身上印有橄榄的收成日期及橄榄油的最佳购买日期，选购时，这两个日期越接近越好。

国际橄榄油协会按照橄榄油的纯度、酸度，将其分为两大类、五个级别：

第一类是原生橄榄油，或称天然橄榄油。它采取机械冷榨工艺，直接从新鲜的橄榄果实中经过过滤等处理除去异物得到油汁，加工过程不经化学处理。另一大类称作精炼橄榄油，酸度超过 3.3%，含有一定的杂质，价格比上一类要便宜得多，颜色比较淡，浑浊，质地稀薄。

根据橄榄油的质量和感官指标，可将其分为以下五个级别：特级初榨橄榄油、普通初榨橄榄油、纯正橄榄油、精炼橄榄油、橄榄果渣油。

◀ 温馨提示 ▶

1. 制作马乃司沙拉汁时，调味品的投放比例要适当。

2. 保存马乃司沙拉汁时，在 4~7℃的保鲜冷柜中不宜超过 3 天。

3. 添加油的速度一定要与搅打的速度一致，使油与蛋黄充分融合，否则，汁就会散了。

4. 沙拉汁盆以不锈钢或陶瓷为宜，不可用铁盆和铜盆，否则，汁会发黑。

5. 每次搅拌时一定要注意，待油与蛋黄充分融合后才可再次加油搅拌。

6. 打汁时要选用无色、无味的植物油，橄榄油品质最好，但成本太高，教学时用一般的植物油即可。

7. 如打汁失败，可将剩料重新当蛋黄原料使用。

07
少司 布朗汁
Brown sauce

▶ 知识要点 ◀

1. 杂菜：行业中，常把洋葱、胡萝卜、芹菜、青蒜称为杂菜，类同于中餐中的料头。

2. 油面酱：将低筋面粉过筛，放黄油用小火炒至色微黄，呈蜂窝状。

3. 主要工具：主要有沙拉汁锅、滤筛、烤箱、扒炉等。

◆ 准备原料 ◆

主　　料｜牛骨 5000 克、碎牛肉 2000 克、鸡骨架 2000 克

配　　料｜鲜番茄 1.5 千克、洋葱 250 克、胡萝卜 250 克、芹菜 150 克、青蒜 150 克、面粉 80 克、土豆 250 克

香料用料｜番茄酱 750 克、茄膏 250 克、油面酱 250 克、香叶 5 片、黑胡椒粉 100 克、百里香 10 克

调 味 品｜红酒 75 克

用　　油｜黄油 150 克

◆ 技能训练 ◆

1. 锯断牛骨，将各种主料洗净，改切成小块备用。

2. 将洋葱、胡萝卜、芹菜、青蒜洗净后分别切成丝备用。

3. 将切好的牛骨、碎牛肉和鸡骨架放入烤盘中烘烤 1.5 小时左右，底面火 210℃，每 20 分钟翻动一面，呈浅褐色即可。

4. 用中火少油炒蔬菜和香料 5~8 分钟，至黄褐色，再加入番茄酱和茄膏炒至暗红色。

5. 将面粉过筛，在平底锅中将黄油熔化，加入面粉炒至微黄微香，呈蜂窝状。

6. 锅中加水，把炒好的蔬菜、番茄酱、茄膏和烤好的骨头一同放入，再放入土豆、炒面粉和红酒，用微火煮 5 小时，不时搅拌，过滤即可。

◆ 拓展空间 ◆

以布朗沙拉汁为基础可以衍变出下列沙拉汁：

1. 黑椒汁（Black Pepper Sauce）：用牛油将洋葱丁、黑胡椒碎小火煸香后加入布朗汁，收浓汤汁后，用盐、鸡粉、李派林喼汁、少许红酒调味即可。常用于煎肉扒等菜肴。

2. 蘑菇沙拉汁（Mushroom Sauce）：用黄油把葱头末炒香，加入蘑菇丁翻炒两下，烹入白兰地酒，倒入布朗汁，在火上煮透，并把汁收浓，调好味即好。

3. 橙汁沙拉汁（Orange Sauce）：将白糖炒成棕红色后，加入布朗汁、

橙皮、柠檬皮末、橙汁、橘子酒、杜松子酒收浓即可。此汁适用于烤鸭及鸭类菜肴。

4. 罗伯特沙拉汁（Robert Sauce）：将蘑菇切片，用黄油加洋葱碎炒香，加酸黄瓜、火腿丝，倒入布朗沙拉汁，稍煮，放入芥末、柠檬汁，最后用奶油调制浓度并调好味。此沙拉汁常用于猪肉类菜肴。

温馨提示

1. 要将牛骨、碎肉烤成黄色，但不能过火，否则，汁会发苦。
2. 蔬菜要久炒出香，呈黄褐色，以保证成品的色泽和香味。
3. 煮制过程中要不停地搅动，以免煳底。
4. 过滤后的汁一定要撇去多余的油脂，以利于保存。
5. 要将烤制中渗出的油脂保留好，可在炒制蔬菜时用。
6. 可将用不完的汁冰冻后用保鲜膜包成小份，即用即取。

08
少司 荷兰汁
Hollandaise Sauce

知识要点

1. 黄油：我们常常简单地把黄油分为乳脂和清黄油两部分，当黄油熔化后浮面的油脂即为清黄油，沉底的即为乳脂。
2. 主要工具：主要有蛋抽、沙拉汁锅、沙拉汁盆等。

准备原料

主　料 | 红酒醋60克、香叶3片、黑胡椒粒1克、柠檬半个、冬葱末100克
配　料 | 干白葡萄酒100毫升、蛋黄10个
调味品 | 盐5克、胡椒粉3克、李派林噢汁2克
用　油 | 清黄油200毫升

◆ 技能训练 ◆

1. 把红酒醋、香叶、黑胡椒粒、柠檬、冬葱末放在沙拉汁锅内熬煮，至红酒醋挥发、汁成浓稠状。

2. 将汁过滤。

3. 把蛋黄放入沙拉汁盆内，把沙拉汁盆放在50℃~60℃的热水内，加入干白葡萄酒打发起泡。

4. 再往盆中逐渐加入温热的清黄油，并不断顺一个方向搅拌，使之融为一体。

5. 放入盐、胡椒粉、李派林唛汁及浓汁搅匀，置于温热处保存即可。

◆ 拓展空间 ◆

用荷兰汁可制作出下列沙拉汁：

1. 橙味荷兰汁（Maltaise Sauce）：加入2个血橙的橙汁和橙皮屑。

2. 摩士达荷兰汁（Mousseline Sauce）：加入100毫升打发好的奶油，用于焗菜。

3. 藏红花荷兰汁（Saffron Sauce）：在煮制胡椒醋汁的时候，加入1/4勺藏红花同煮。

4. 芥末味荷兰汁（Wasabi Sauce）：熔化好黄油后，往黄油里加入5~10克芥末。

5. 班尼士沙拉汁（Bearnaise Sauce）：把他拉根香草切碎，用白酒、醋煮软，倒入荷兰汁内，再加上芫荽末搅匀即可。常配烤牛柳。

6. 牛扒沙拉汁（Foyot Sauce）：在班尼士沙拉汁内加入少许烧汁搅匀即可。常配牛扒类菜肴。

◆ 温馨提示 ◆

1. 要选用新鲜的鸡蛋，一般 3 个鸡蛋黄可打兑 500 克黄油。

2. 操作用具以不锈钢或陶瓷盆为首选，不使用因摩擦会发黑的铜盆或铁盆。

3. 搅拌过程中要顺一个方向，加油量与搅拌速度要一致。

4. 要将制作好的汁置于保温处存放，保质期为一两天。

09
番茄汁
Tomato Sauce

◆ 知识要点 ◆

1. 番茄：番茄原产于南美洲，浆果呈扁圆形、圆形或樱桃状，有红色、黄色或粉红色。含有丰富的维生素、矿物质、碳水化合物、有机酸及少量的蛋白质。有促进消化、利尿、抑制多种细菌的作用。未成熟的生番茄里含有龙葵碱，食后会使口腔苦涩、胃部不适，食多了可导致中毒。

2. 主要工具：主要有沙拉汁锅、炒勺、漏勺、多功能搅拌机、分刀等。

◆ 准备原料 ◆

主　　料｜番茄 2500 克

配　　料｜罗勒 5 克、香叶 5 片、洋葱 150 克、番茄膏 100 克、番茄酱 500 克、面粉 150 克

调味品｜盐 15 克、胡椒粉 5 克、鸡粉 10 克，白糖 100 克

用　　油｜黄油 200 克

◆ 技能训练 ◆

1. 给洗净的番茄打上十字刀，投入沸水中烫至皮翻。

2. 捞出番茄马上冲凉水，去掉番茄皮和籽，并挤掉多余水分，放入搅拌机中打成泥。

3. 用黄油煸炒罗勒、香叶，出香味后，依次下洋葱、番茄酱、番茄膏、面粉，炒至出红油。

4. 加入番茄泥及汤底，收汁至稠浓。

5. 加入盐等调料即可。

◆ 拓展空间 ◆

用番茄汁可制作出下列沙拉汁：

1. 杂香草沙拉汁（Tomato Mix Herbs Sauce）：用黄油把葱头炒香，然后放入西红柿丁、杂香草稍炒，烹入少量红葡萄酒醋，再加入番茄沙拉汁，浇汁调匀即好。

2. 普鲁旺沙拉汁（Provencale Sauce）：用白酒醋把冬葱末、大蒜末煮透，加入番茄沙拉汁热透，再撒上番芫荽末、橄榄丁、蘑菇丁搅匀即可。

3. 葡萄牙沙拉汁（Portuguese Sauce）：将番茄去皮、去籽，切成丁，将植物油烧热，放入洋葱碎、蒜碎炒香，加少许番茄丁、少许布朗沙拉汁和番茄沙拉汁，煮开后加入鲜黄油，撒上番芫荽即可。

◆ 温馨提示 ◆

1. 要选择色红熟透的番茄，以保证汁的颜色红亮。

2. 番茄入沸水前要去掉柄，并在顶端打上十字花刀，以使其受热后外

皮翻起，方便去皮。

3. 注意控制番茄酱的用量，量过大会有涩味。

4. 如色泽不红亮，可加少许番茄膏。

5. 在熬汁的过程中，汁很容易溅起和煳底，要小心烫伤并不断搅底。

10
咖喱汁
Curry Sauce

◀ 知识要点 ▶

1. 咖喱："咖喱"一词来源于泰米尔语，是"许多的香料加在一起煮"的意思。

2. 主要工具：主要有汤桶、煎盘、细筛、炒勺、分刀等。

◀ 准备原料 ▶

主　料｜鸡骨 500 克、碎肉 250 克、苹果 2 个、香蕉 2 根、菠萝 1 个、洋葱 50 克、芹菜 50 克、胡萝卜 50 克、土豆 1 个

调味品｜咖喱粉 250 克、咖喱酱 50 克、姜黄粉 50 克、南姜 50 克、干辣椒 5 个、丁香 1 颗、香叶 5 片、香茅草 50 克、大蒜 50 克、老姜 50 克、椰浆 1 罐、油面酱 100 克

用　油｜黄油 200 克

◀ 技能训练 ▶

1. 把鸡骨、碎肉烤香。

2. 将各种水果、蔬菜整理洗净，改切成小块，把姜拍松，用黄油炒香。

3. 把鸡骨、碎肉与土豆、水果、蔬菜混合后，与咖喱粉、咖喱酱、姜黄粉、南姜、干辣椒、丁香、香叶、香茅草同炒，出香味后加入基础汤。

4. 把上述原料用大火煮沸后改小火煮 2 个小时。

5. 将汁滤出。

6. 汁过滤后要冷藏成冻，再切成小块待用。

◆ 拓展空间 ◆

不同口味的咖喱

1. 印度咖喱辣味始祖：印度咖喱称得上是咖喱的鼻祖。地道的印度咖喱会以丁香、小茴香子、胡荽子、芥末子、黄姜粉和辣椒等香料调配而成。由于用料重，加上少许椰浆可减轻辣味。正宗的印度咖喱辣度强烈、味道浓郁。

2. 泰国咖喱鲜香无比：泰国咖喱中加入了椰浆以冲减辣味和增强香味，额外加入的香茅、鱼露、香叶等香料也令泰国咖喱独具一格。红咖喱是泰国人爱用的咖喱，由于加入了红咖喱酱，颜色偏红，味道也较辣。泰式青咖喱由于用了芫荽和青柠皮等材料，所以呈青绿色，是泰国驰名的咖喱，同样鲜美。

3. 马来西亚咖喱清新平和：马来西亚也喜用椰浆冲减咖喱的辛辣味并提升香味，所以其咖喱味道比较平和。多种香料如罗望子、香叶等的加入，令马来西亚咖喱辣中带点清润，充满南洋风味。

4. 新加坡咖喱温和清香：新加坡邻近马来西亚，所以其咖喱口味与马来西亚咖喱十分类同，味道较淡有清香。此外，新加坡咖喱用的椰浆和辣味更少，味道颇为大众化。

5. 斯里兰卡咖喱质优味佳：斯里兰卡咖喱与印度咖喱一样，都有悠久的历史。由于斯里兰卡出产的香料质量较佳，做出来的咖喱更胜一筹。

◆ **温馨提示** ◆

1. 水果是做咖喱汁的主原料，要保证有足够的量。
2. 土豆、苹果最好削皮，否则会影响原料中淀粉的糊化度。
3. 南姜和香茅草可以增加汁的特殊风味，必不可少。

◆ **思政教学资源** ◆

——— 劳模精神、劳动精神、工匠精神的深刻内涵 ———

2020年11月24日，在全国劳动模范和先进工作者表彰大会上，习近平总书记精辟概括了劳模精神、劳动精神、工匠精神的深刻内涵："在长期实践中，我们培育形成了爱岗敬业、争创一流、艰苦奋斗、勇于创新、淡泊名利、甘于奉献的劳模精神，崇尚劳动、热爱劳动、辛勤劳动、诚实劳动的劳动精神，执着专注、精益求精、一丝不苟、追求卓越的工匠精神。劳模精神、劳动精神、工匠精神是以爱国主义为核心的民族精神和以改革创新为核心的时代精神的生动体现，是鼓舞全党全国各族人民风雨无阻、勇敢前进的强大精神动力。"（《人民日报》2020年11月27日01版）

在中国传统文化语境中，工匠是对所有手工艺（技艺）人，如木匠、铁匠、铜匠等的称呼。进入现代工业社会，工匠指现代工业领域和服务领域里的新型工匠和智能技术工匠。我国要成为世界制造和服务强国，面临着从制造大国向智造大国的升级转换，技能水平直接影响着工业水准、制造水准和服务水平的提升，需要我们将中国传统文化中所蕴含的工匠文化精神在新时代条件下发扬光大。

模块 3
开胃菜和沙拉

尼格斯沙拉

烟熏三文鱼

牛油果三文鱼卷配柠檬橄榄油汁

帕尔玛火腿澳带卷配牛油果

11 蔬菜沙拉配银鱼汁
Vegetable Salad with White Bait Juice

◀ 知识要点 ▶

1. 沙拉：沙拉是西餐中所指的凉拌菜。
2. 开胃沙拉：开胃沙拉又称头盘，作为全餐的第一道菜，它通常是由多种食物混合而成。其特点是质量高，色泽鲜艳，口味以酸咸、辛辣为主，量少而精。
3. 主要工具：主要有菜砧、分刀、不锈钢盆、漏勺、餐碟等。

◀ 准备原料 ▶

主　料 | 红叶生菜50克、中华生菜50克、莴苣生菜50克

配　料 | 油炸面包丁 10 克、甜红椒 15 克、水瓜柳 5 颗、银鱼柳 50 克
调味品 | 橄榄油 30 克、柠檬 20 克

◆ 技能训练 ◆

1. 将三种生菜洗干净，甜红椒切丝，用冰水浸 10 分钟，滤干水分备用。
2. 将三种生菜搅匀摆放于碟中，撒上面包丁及水瓜柳、红椒丝，淋上汁。
3. 将少许银鱼拆成细丝，撒于盘面上，淋上银鱼汁。

◆ 拓展空间 ◆

银鱼汁的制作

将银鱼柳放入盆中打烂，加入橄榄油搅匀，最后加柠檬汁搅匀即可。

◆ 温馨提示 ◆

1. 将面包丁（任意欧包）改成小块，炸黄（或烘香）撒在面上，可调剂口感。
2. 灌装银鱼很咸，所以制作银鱼时银鱼的量不宜太大。
3. 将生菜洗净后泡冰水，会使青菜脆度增加。

12
沙拉 维生素沙拉
Vitamin Salad

◆ 知识要点 ◆

1. 维生素：维生素（Vitamin）是一系列有机化合物的统称。它们是生物体所需要的微量营养成分，一般无法由生物体自己生产，需要从外界摄取。维生素不能像糖类、蛋白质及脂肪那样可以产生能量、组成细胞，但是它们对生物体的新陈代谢起调节作用。缺乏维生素会导致严重的健康问题。

适量摄取维生素可以保持身体强壮健康，过量摄取维生素则会导致中毒。

2. 主要工具：主要有菜砧、分刀、煎盘、不锈钢盆、餐碟等。

◆ 准备原料 ◆

主料 | 细菊生菜20克，中华生菜20克，紫包菜20克，莴苣生菜20克，洋葱20克，红、黄樱桃番茄各10克，红、黄甜圆椒各10克，核桃仁20克

味汁 | 千岛汁50毫升

◆ 技能训练 ◆

1. 将所有材料洗干净滤干水分。
2. 将所有的生菜掰成块，放入冰水中浸泡10分钟。
3. 将洋葱、甜椒切成圆圈状，放入冰水中浸泡10分钟。
4. 将所有入冰水的材料滤干水分，拌匀，放入碟中。加入樱桃番茄，放上核桃仁，淋上沙拉汁即可。

◆ 拓展空间 ◆

法汁、塔塔汁、千岛汁任由客人选择。

◆ 温馨提示 ◆

1. 做沙拉的蔬菜表面不能有水珠。
2. 要检查一下核桃，确认未走油。

3. 将蔬菜洗净后泡冰水,会使青菜脆度增加。

4. 清洗蔬菜后再改刀处理,避免维生素流失。

13
沙拉 土豆泥沙拉配鲜果粒
Mashed Potatos with Fresh Fruit

◀ 知识要点 ▶

1. 马铃薯:又称土豆、洋芋、荷兰薯、番薯,属多年生草本植物,原产于欧洲。土豆中含有大量淀粉、蛋白质、脂肪、纤维素及维生素。

2. 主要用具:有分刀、菜砧、沙拉汁锅、方碟、六角形模具等。

◀ 准备原料 ▶

主　　料｜土豆 150 克

配　　料｜杧果肉 50 克、草莓 3 颗

调　　料｜法香 5 克、胡椒粉 2 克

味汁用料｜浓缩杧果汁 50 克、牛奶 20 克、盐 3 克

第二篇　西餐制作 ｜ 043

◆ 技能训练 ◆

1. 将土豆洗净,带皮煮熟后剥去皮。用刀背将土豆压成细泥。

2. 将一半杧果肉和 2 颗草莓切粒待用。

3. 将碾好的土豆泥放入钢盆中,加入浓缩杧果汁、牛奶、盐调味拌匀;加入杧果粒、草莓粒轻轻拌匀,装入模具;将土豆泥用模具扣出,依次叠放,直立放在盘中央。

4. 再将另一半杧果肉切成大粒,放在土豆泥顶端,淋上杧果汁。

5. 将一颗完整的草莓一开四,改刀后置于土豆边上,围好。将法香叶置于菜品顶上点缀好,撒少许胡椒粉即可出餐。

◆ 拓展空间 ◆

1. 可以根据个人口味和喜好改用其他水果,如香蕉、榴莲、牛油果等。

2. 也可以换其他浓缩果汁,如浓缩橙汁、蓝莓汁、草莓汁等。

◆ 温馨提示 ◆

1. 制作土豆泥时,压的过程中不宜反复多次,否则会造成土豆起胶,影响口感。

2. 建议采购黄皮土豆,红皮土豆黏性太大、口感不佳。

14
沙拉 恺撒沙拉
Caesar Salad

◆ 知识要点 ◆

1. 恺撒沙拉:恺撒沙拉是以古罗马统帅恺撒命名的沙拉。

2. 口味特点:恺撒沙拉的口味以鳀鱼柳味和大蒜味为主。

3. 主要工具:制作恺撒沙拉的主要工具有分刀、菜砧、9 寸浅式碟 2 个、玻璃碗 1 个、不锈钢盆 1 个等。

◆ **准备原料** ◆

主　料｜罐头鳀鱼柳 25 条、蒜泥 10 克、鸡蛋 4 个、柠檬汁 180 克、橄榄油 500 克、白面包 400 克、长叶莴苣叶 4000 克

配　料｜帕尔玛奶酪（Parmigiano Reggiano）10 克

调　料｜盐 20 克

用　油｜橄榄油 200 克

◆ **技能训练** ◆

1. 洗净并滤干莴苣叶，冷藏。
2. 去掉面包皮，把面包切成小方块，大约 1 厘米一块。
3. 先把鳀鱼柳和蒜泥一起捣成糊状，之后把鸡蛋黄和柠檬汁倒进糊中，搅拌至均匀，最后用蛋抽搅打，慢慢加入橄榄油，然后加盐搅匀成沙拉汁。
4. 在煎锅中倒入少许橄榄油，并加热至适当的温度，倒入面包丁炸至金黄色并变脆。
5. 从煎锅中取出炸好的面包备用。
6. 把莴苣叶切成或撕成方便食用的长条状，并放在一个碗中。
7. 把沙拉汁倒在菜叶上并撒上帕尔玛奶酪，拌匀，直到每片菜叶都沾上沙拉汁为止。
8. 加入油炸面包丁，拌匀后装盘。

拓展空间

恺撒大帝

恺撒大帝出生于公元前 100 年，出身贵族，杰出的政治家和军事家，充满传奇色彩的英雄人物，以其卓越的才能建立了古罗马帝国。在世人眼里，恺撒大帝是一种统治力量的象征，代表着强势、权威、成功、荣耀。

鳀 鱼

鳀鱼，俗名海蜓、离水烂、老雁食、烂船丁、海河、巴鱼食、抽条。分布于中国的渤海、黄海和东海以及朝鲜和日本的海域。体细长，稍侧扁，体长 8~12 厘米，体重 5~15 克，口大，吻钝圆，下颌短于上颌，两颌及舌上均有牙。眼大，体披薄圆鳞，极易脱落。腹部圆，无棱鳞。尾鳍叉形，基部每侧有 2 个大鳞，体背面为蓝黑色，体侧有一条银灰色纵带，腹部银白色。背、胸及腹鳍为浅灰色。臀鳍及尾鳍为浅黄灰色。生活于浅海。趋光性强，常环绕光源回旋游泳。春季沿海岸北上，秋季沿海岸南下，在适水温带产卵、索饵和洄游。常用于提炼鱼油和制作鱼粉，亦可鲜销或制成咸干品，也用作鱼饵。

温馨提示

1. 长叶莴苣最好冷藏后食用，吃时口感才更脆。
2. 必须完全将菜叶控干水分，否则，沙拉汁会沾不上菜叶。
3. 可事先把准备好的莴苣叶冷藏在冰箱中，有需求时取出，放在碗中，用勺舀上沙拉汁，并在上面撒上干酪和炸面包丁即可。

15
沙拉 意大利海鲜沙拉
Insalata di Frutti di Mare

知识要点

1. 柠檬的作用：把柠檬汁洒在海鲜上，可去除海鲜的腥味。
2. 主要工具：制作意大利海鲜沙拉的主要工具有分刀、菜砧、9 寸浅式碟、钢盆、漏勺、汤锅等。

◆ 准备原料 ◆

主　　料｜鲜蛏子1000克、鲜蚬或蛤蜊1000克、鲜八爪鱼1条200克、鲜虾350克

配　　料｜生菜1个约300克

调味品｜色拉油约400克、柠檬2个、洋葱半个、芥末粉8克、胡椒粉10克、盐20克

装饰料｜番茄2个、青瓜1条

用　　油｜食用油100克

◆ 技能训练 ◆

1. 将蛏子及鲜蚬浸在盐水内，用硬刷刷净，沥干水分后，锅内放些食用油，烧红，用猛火将蛏子及鲜蚬炒至外壳自动打开，将熟肉挖出备用。

2. 洗净八爪鱼，剥除腹囊硬膜，铺在砧板上，用木槌大力拍出眼球。

3. 将八爪鱼切成小片，在沸水中灼至肉白、质硬即熟。

4. 将鲜虾放入沸水内灼1.5分钟即可，然后剥去外壳。

5. 剥下洗净的生菜的外层叶，铺在玻璃或瓷沙拉碗内，将生菜的内叶切丝放在沙拉碗中央。

6. 将熟蛏肉、蚬肉、虾肉、八爪鱼肉排在生菜丝上，用番茄片、青瓜片作装饰，整碗入保鲜柜内放10分钟。

7. 将色拉油、柠檬汁、洋葱粒、芥末粉及适量的胡椒粉、盐搅匀，盛在装汁的汁兜内上桌，任宾客自由取用。

◆ **拓展空间** ◆

可将制作意大利海鲜沙拉的原料改成一些甜玉米、红腰豆、芦笋和鲜百合，制作出意大利粟米沙拉。

◆ **温馨提示** ◆

1. 选用海鲜时，一定要保证选料新鲜，否则，口味不鲜，色泽会发黑。
2. 要挤掉蛏子和大虾的砂肠，刮掉八爪鱼的外膜，否则，不符合食用要求。
3. 如果选用调和油的话，菜品质量则会受影响。

16

沙拉 意大利海鲜配香醋汁
Italian Seafood with Vinegar Juice

◆ **知识要点** ◆

1. 意大利香醋：在晚秋时节，选用意大利当地含糖量高的葡萄榨汁，做成未发酵葡萄酒，露天烧煮、浓缩至30%~50%。往浓缩后的未发酵葡萄酒中加入部分葡萄酒和陈醋，移至木桶中，在多次灌装和长年发酵后即得到美味的意大利香醋。一般来说，用100千克葡萄能榨出50千克未发酵葡萄酒，经沸煮浓缩、长年蒸发沉淀，最后只剩10瓶100毫升的香醋。

2. 常用工具：有煎锅、炒勺、漏勺、沙拉汁锅、菜砧、分刀、不锈钢钢盆、白色长条碟等。

◆ **准备原料** ◆

主　料｜海虾3只、蛤子3个、青口3个、鲜鱿鱼100克
配　料｜柠檬半个、油浸樱桃番茄2颗、西洋菜5克、细菊10克、樱桃萝卜2片
调味品｜盐1克、白胡椒粉3克、白葡萄酒50毫升、蒜末3克
味　汁｜意大利浓缩香醋汁50克

用　油｜菜油 50 克

◀ 技能训练 ▶

1. 将海虾去壳、去虾线，鲜鱿鱼在内侧改十字花刀备用。

2. 锅上火，加入水和柠檬煮开，将蛤子和青口刷洗干净外壳后倒入锅中焯水，待其外壳微微张开时捞出冲凉备用。

3. 将四种海鲜用盐、白胡椒粉、柠檬汁、白葡萄酒略腌一下备用。

4. 将煎锅烧透滑油，加入菜油和蒜末，待蒜出香味后将所有海鲜倒入锅中，用大火翻炒均匀，并烹入白葡萄酒待海鲜成熟。

5. 用小勺将浓缩的醋汁在长条碟中央勾画出线条，将各类海鲜有序错开，分别放在醋汁上。

6. 用油浸樱桃番茄、西洋菜和细菊在碟面装饰好即可出餐。

◀ 拓展空间 ▶

如果没有现成的浓缩香醋汁，可以往 1 瓶香脂醋中加入 50 克古巴红糖，用小火慢慢收浓。待汁冷却后，用勺子在长条碟中央勾画出线条，滴落时有回抽感即可。

◀ 温馨提示 ▶

1. 在操作前要把蛤子、青口净养两天，以去尽肠中泥沙。

2. 炒制海鲜时，要用大火，动作要快，不宜久炒。

◆ 思政教学资源 ◆

── 中国服务者宣言 ──

播放视频《中国服务者宣言》，将服务意识的培养与培育和践行社会主义核心价值观相结合，教育学生把国家、社会、公民的价值要求融为一体，提高个人的爱国、敬业、诚信、友善修养，引导学生树立我为人人、人人为我的职业意识，自觉把小我融入大我，不断追求国家的富强、民主、文明、和谐，将社会主义核心价值观内化为精神追求、外化为自觉行动。

17
沙拉 大虾青瓜卷
Shrimp and Cucumber Rolls

◆ 知识要点 ◆

1. 冰草：冰草最初产于非洲，最近两年才传入中国。冰草的茎和叶上都分布着许多透明的泡状物，它们是冰草的分泌物，晶莹剔透。冰草含有天然植物盐，吃起来有淡淡的咸味。其富含氨基酸、胡萝卜素等物质，食用后既解渴又补充营养盐分，是一种高营养的蔬菜。

2. 主要工具：有搅拌机、沙拉汁锅、瓜刨、酱汁刷、圆形模具、方形菜碟、锡箔纸、裱花转盘等。

◀ **准备原料** ▶

主　料｜净虾肉 150 克、小青瓜 1 根、草莓汁少许
配　料｜手指胡萝卜 1 根、冰草 5 克、樱桃番茄 5 颗、熟芦笋尖 5 克、樱桃萝卜 5 克
调味品｜盐 3 克、白胡椒粉 3 克、柠檬汁 5 克、淡奶油 50 克
味　汁｜马乃司沙拉汁 50 克

◀ **技能训练** ▶

1. 给胡萝卜去皮，刨出 1 片后将剩余部分切成细条。
2. 给净虾肉中加盐、白胡椒粉、柠檬汁、淡奶油调味后用搅拌机制成细茸，酿入圆形模具，并把细胡萝卜条置入虾茸中央。
3. 用锡箔纸把酿好馅的模具包成糖果状，入沸水中浸煮 10 分钟左右至熟。
4. 把浸熟的虾条去锡箔纸后，放入盘中凉透，将两头修整齐。
5. 将小青瓜洗净刨出两片，叠搭好，铺于碟中央。
6. 将马乃司沙拉汁刷于青瓜片上，用青瓜片包卷好虾条。
7. 在出餐碟中央刷上草莓汁垫底，把青瓜包卷好的虾条置于中央，面上用冰草、樱桃番茄、芦笋尖点缀。
8. 盘边用樱桃萝卜片和胡萝卜片装饰好即可出餐。

◀ **拓展空间** ▶

操作中的大虾也可用冰鲜的墨鱼来替代。

◀ **温馨提示** ▶

1. 制好的虾条要想有弹性、口感好，首先必须选用新鲜、干爽的虾肉；其次，在搅打虾茸时，要保证其起劲后再进行后续操作。
2. 要想虾胶轻松脱模，可事先在模具内抹一层薄菜油。
3. 碟中央的酱汁要美观，可借助裱花转盘来操作。

18
沙拉 烟三文鱼玫瑰花配水果莎莎
Smoked Salmon Roses with Fruit Sasa

◀ 知识要点 ▶

1. 烟熏枪：用烟熏枪烟熏，可以获得用普通的茶叶、刨花、大米等烟熏方法不能获得的效果。具体使用时，给烟熏枪内装入花香木屑，点火后即可熏肉。成菜口味别致，令客人对菜品充满兴趣。

2. 莎莎酱：起源于墨西哥，它是由切碎的蔬菜水果和调味料混合而成。

3. 主要工具：有菜砧、分刀、不锈钢盆、蛋抽、圆餐碟、烟熏枪、烟熏罩、小勺等。

◀ 准备原料 ▶

主　料 | 三文鱼净肉 200 克
腌　料 | 盐 3 克、莳萝 20 克、柠檬片 30 克、橙皮碎 30 克、白朗姆酒 10 毫升
配　料 | 草莓 3 颗、葡萄 10 克、蓝莓 5 颗、杧果 1 个、黄心猕猴桃 1 颗、鱼子 5 克
装饰料 | 珊瑚形装饰片 1 片

◆ **技能训练** ◆

1. 将三文鱼放盐、莳萝、柠檬片和橙皮碎，入冰箱腌制半小时，备用。

2. 草莓一开二，葡萄和蓝莓剥去表皮，杧果和猕猴桃切丁。所有水果用少许白朗姆酒浸泡制成水果汁，备用。

3. 将浓缩的水果汁淋在出菜碟的中轴线上，把用酒腌制过的水果垫底，将装饰片盖在水果上。

4. 将腌制好的三文鱼切成大片，卷成玫瑰花形，放置于装饰片上；鱼子放于花芯上作点缀。

5. 主料周边用新鲜莳萝作装饰。

6. 将主料用烟熏罩盖住，将烟熏枪中的熏料点燃，将产生的烟排入烟罩中，让鱼充分吸收烟味。

7. 出餐时，当着客人的面，揭除烟罩。

◆ **拓展空间** ◆

珊瑚形装饰片的制作

原料：水 80 克、油 30 克、面粉 10 克、食盐 3 克、可可色油性色素 1 滴

制作：将上述原料混合均匀，用平底锅在 130℃ 的温度下慢慢加热，煎至水分挥发，可脱底即可。可通过不同颜色的油性色素来更改珊瑚形装饰片的颜色。

◆ **温馨提示** ◆

1. 在操作三文鱼前，可根据厨房的备料随机选择烟熏料的香味。

2. 三文鱼不宜过早从冰箱中取出来，太软了不好塑型。

3. 如果烟熏的原料过大，可用刀将大件改小后，盖上一个大盖子先进行烟熏处理。

4. 市场上有烟熏三文鱼成品，已有烟熏味，无须加工可直接操作。

5. 受设备和成本局限，此菜例建议以小组协作的形式完成。

19

沙拉 金枪鱼沙拉
Tuna Fish Salad

◀ 知识要点 ▶

1. 醋油汁（Vinegar Dressing）：又称醋汁、油醋汁，被广泛用于沙拉的调味。

2. 吞拿鱼：吞拿鱼又名金枪鱼，是大洋暖水性洄游鱼类，主要分布于低中纬度海区，以太平洋、大西洋、印度洋居多。

3. 主要工具：制作吞拿鱼沙拉的主要工具有分刀、菜砧、9寸浅式碟2个、圆盆1个等。

◀ 准备原料 ▶

主　　料｜吞拿鱼1/3罐
配　　料｜生菜叶4片、黄瓜1/3根、洋葱1/3个、酸黄瓜半截、西芹1根、荷兰豆4颗、青椒半个、红椒半个
装饰料｜鸡蛋片2片、薄荷叶1束
味　　汁｜醋油汁100克

◀ 技能训练 ▶

1. 给黄瓜去皮，与洋葱、酸黄瓜一起切成细丝，备用。

2. 给西芹和荷兰豆去老筋，将青红椒改切成细丝，焯水冲凉后备用。

3. 将所有菜丝拌匀，加入油醋汁。

4. 将生菜叶滤干水分，铺于碟中央，在生菜叶上撒上菜丝。

5. 在菜丝上放上吞拿鱼块。

6. 用鸡蛋片和薄荷叶装饰即可。

拓展空间

照此方法，用烤牛肉及一些冷餐肉可制作成杂肉沙拉。

制作醋油汁

主　　料：沙拉油 200 克、白醋 50 克

辅　　料：法式芥末酱 5 克、盐 6 克、胡椒粉 3 克

制作过程：

1. 将盐、胡椒粉、法式芥末酱、白醋混合，搅拌均匀。

2. 逐渐加入沙拉油搅打，使其呈乳液状。

温馨提示

1. 切蔬菜丝时，应保证粗细均匀、长短一致。

2. 罐装的吞拿鱼不能过多搅拌，否则肉会散开。

3. 制作醋油汁时，还可以根据不同需要，加一些香草，如香葱、芫荽末、洋葱末等。

4. 荤料与素料的搭配要合理，一般为 3∶7。

20

沙拉 炸鲜鱿沙拉
Fried Squid Salad

知识要点

1. 鱿鱼：又称柔鱼、乌贼，属于软体动物，体圆锥形，体色白润，有浅褐色斑纹，头比较大，前端生有触足 10 条，尾端的肉鳍呈三角形。鱿

鱼含有丰富的钙、磷、铁等元素，对骨骼发育和造血十分有益。鱿鱼富含蛋白质及人体所需氨基酸，还含有大量牛磺酸，是一种低热量食品。

2. 主要工具：有沙拉汁锅、漏勺、菜砧、分刀、圆碟、挤壶、钢盆、裱花转盘等。

◀ 准备原料 ▶

主料 | 鲜鱿鱼 250 克
配料 | 细菊 20 克、樱桃萝卜 10 克、樱桃番茄 10 克
腌料 | 盐 2 克、胡椒粉 2 克、柠檬汁 10 滴、白葡萄酒 5 毫升
味汁 | 沙拉酱 50 克、番茄酱 20 克
炸料 | 鸡蛋液 50 克、面粉 50 克、面包糠 100 克
用油 | 菜油 500 克

◀ 技能训练 ▶

1. 将鱿鱼表面洗净，右手抓住鱿鱼身体，左手抓住头，顺势将头及内脏拔出，再将鱿鱼内腔掏洗干净。

2. 将鱿鱼横切成 1 厘米宽的圈状，用盐、胡椒粉、柠檬汁、白葡萄酒腌制 10 分钟，倒入沸水中焯约 1 分钟，至其肉质收紧时即可捞出备用。

3. 将各类蔬菜清洗干净，取出，滤干水分，樱桃萝卜切片，樱桃番茄切去一角后和择成小枝的细菊一起备用。

4. 将初处理好的鱿鱼圈蘸上面粉，裹上鸡蛋液，再均匀地蘸上面包糠。

务必轻轻压实蘸好面包糠的鱿鱼圈,避免在油炸时面包糠脱落。

5. 锅中放入菜油,加热至120℃,放入鱿鱼圈浸炸至金黄取出,滤干油待用。

6. 将沙拉酱和番茄酱放入碗中调匀后装入挤壶中。

7. 将出品用菜盘置于裱花转盘上,转动转盘,将酱汁用挤壶挤画成圆圈状;再将炸好的鱿鱼圈叠排于盘中,用樱桃番茄和樱桃萝卜片作装饰。

拓展空间

还可将原料用洋葱圈和苹果片来代替,让学生通过多动手来熟练掌握拍粉、挂糊和油温的识别等技能。

温馨提示

1. 在炸鱿鱼时控制好油的温度,两面浸炸的时间要均等,保证成品颜色一致。

2. 可根据厨房备料随机选择装饰用蔬菜。

3. 如选用黄色成品面包糠,炸出的成品效果会更佳。

21
沙拉 白松露鱼子酱水波蛋配嫩叶沙拉
White Truffle Caviar with Boiled Eggs and Tender Leaf Salad

知识要点

1. 人造鱼子酱:人造鱼子酱,是指在高速转动的装置中将粉末状物质快速转化成微型颗粒,并将这些0.5毫米大小的颗粒烘干,同时保证颗粒的形成过程中内部成分均匀分布。采用这一新技术制出的人造鱼子酱可与天然鱼子酱相媲美。人造鱼子酱完全用天然原料,包括蛋乳和鲑鱼乳混合制成,其形状、大小、味道同天然鱼子酱相似,是一种高质量食品。

2. 主要工具:主要有沙拉汁锅、菜砧、分刀、不锈钢盆、蛋抽、漏勺、餐碟等。

◀ 准备原料 ▶

主料 | 鸡蛋 3 个、白松露 20 克、黑鱼子酱 10 克、芽菜 15 克、小土豆 80 克

配料 | 鲜嫩叶菜 15 克、黑水榄圈 10 克

味汁 | 酸奶汁 100 毫升

用油 | 黄油 20 克

◀ 技能训练 ▶

1. 将整个小土豆用小火慢煮至熟，冷却后去皮切成块状。

2. 将锅里水煮沸，熄火，倒入去壳的鸡蛋，让鸡蛋黄慢慢凝结至半流心。

3. 锅中放黄油，用小火将白松露片稍煎片刻。

4. 将水波蛋捞出放入盘中，配上土豆块，蛋面配上黑（红）鱼子酱及白松露片，配上鲜嫩叶菜和黑水榄圈，浇上酸奶汁即可。

◀ 拓展空间 ▶

酸奶汁的制作

打发铁塔奶油，加入适量柠檬汁，调制到酸味适中即可。

◀ 温馨提示 ▶

1. 煮水波蛋时，水开后稍等一会儿再倒入鸡蛋，这样蛋会更嫩。

2. 煮土豆时要冷水下锅，水开后保持小火至土豆熟透。

3. 也可用荷兰汁代替酸奶汁。

22
沙拉 烤牛肉配黑松露罗勒酱
Roast Beef with Truffle & Basil Sauce

◆ 知识要点 ▶

1. 帕尔玛奶酪：帕尔玛奶酪是意大利最出名和最重要的硬芝士，在意大利有超过2000年的历史，主要生产地区在帕尔玛 Parma、摩德纳 Modena、博洛尼亚 Bologna 和曼图亚 Mantua 等。其表面颜色金黄，内里微黄，香味明显带盐味，存放于高温冷柜，短时间可放在阴凉地方，保质期约两年。切厚片或薄片皆即可食用，配合红酒尤其是浓郁的红葡萄酒更加美味可口。若磨粉可加于热盘、意粉、烩食或浓汤中。硬表层亦可用于汤，使其味道更加浓烈。但要用传统方法切割，须有经验，否则会破坏结构。

2. 主要工具：主要有烤箱、煎盘、菜砧、分刀、不锈钢盆、餐碟等。

第二篇　西餐制作 | 059

◆ 准备原料 ◆

主　料｜菲力牛柳 250 克
配　料｜帕尔玛奶酪 30 克、黑松露 20 克、芝麻菜 30 克、松仁 10 克
腌　料｜迷迭香 5 克、大蒜 2 颗、盐 20 克、黑胡椒粉 5 克、橄榄油 20 毫升、
　　　　红酒 10 毫升
味　汁｜罗勒酱 20 克

◆ 技能训练 ◆

1. 将牛柳修整好，加入迷迭香、大蒜、盐、黑胡椒、橄榄油、红酒，提前腌制半天。
2. 将奶酪和黑松露菌刨好备用。
3. 煎盘用油滑过，将去除腌料的牛柳放入煎盘煎至表面上色后，放入 200℃的烤箱加热至五成熟。
4. 将黑松露切片，用橄榄油低温煎 1 分钟。
5. 将罗勒酱淋在碟底，上面放上半熟牛肉片，用芝麻菜装饰。
6. 撒上松仁、刨好的奶酪片和黑松露菌片，再撒上黑胡椒粉，淋些煎黑松露菌的橄榄油即可。

◆ 拓展空间 ◆

黑松露菌 Truffle

在欧美，黑松露与鱼子酱、鹅肝酱被称为三大珍品。欧洲人誉其为"餐桌上的钻石"。

黑松露真菌的子实体位于地下，表皮色暗而薄，上面有瘤状突起。表皮里面呈奶油色，有褐色的大理石花纹。最早生长于意大利的林地之中，长在橡树须根部附近的泥土下，为一年生的天然真菌类植物。它对生长环境非常挑剔，只要阳光、水量或土壤的酸碱值稍有变化就无法生长，其稀有程度可见一斑。

◆ 温馨提示 ◆

1. 黑松露的口感很特别，生食会有一种难以比拟的脆爽口感，而且有一

点甜味，但一遇热这种味道就会消失，所以黑松露不宜高温长时间烹饪。

2. 黑松露不能用水洗，好的黑松露的表皮很硬，不太可口。可以削皮后刨成片、切成丝或丁后加入菜肴中。制作精致菜肴时最好先削皮，削下的皮可以泡到橄榄油里作松露油，不致太浪费。

3. 无黑松露时，可用黑松露油代替。

23
沙拉 番茄水牛芝士配罗勒酱
Buffalo Mozzarella and Tomato with Basil Sauce

知识要点

1. 水牛芝士：正宗水牛芝士色泽很白，有一层很薄的光亮外壳。未成熟时质地很柔顺，很有弹性，容易切片，成熟期约 1~3 天；成熟后，就变得相当软，风味增强了，不过之后迅速变质，保质期不超过 1 周。正宗水牛奶制品拥有普通牛奶制品无法企及的甜度和深广度，风味要好得多。不过，质地更软，弹性上要欠缺不少。

2. 主要工具：制作番茄水牛芝士的主要工具有菜砧、分刀、不锈钢盆、餐碟等。

准备原料

主　料｜樱桃番茄 100 克、水牛芝士 150 克、芽菜 20 克
配　料｜坚果仁 10 克
味　汁｜罗勒酱 30 克、黑醋汁 20 毫升、橄榄油 150 毫升

技能训练

1. 将樱桃番茄及芽菜洗干净，冰水浸泡 10 分钟沥干备用。
2. 将水牛芝士、樱桃番茄对半切开。
3. 在碟底淋上罗勒酱，摆上水牛芝士，再将樱桃番茄相互交叉摆放在碟中。

4. 在原料上淋上黑醋汁和橄榄油，面上放上芽菜装饰，撒上坚果仁碎即可。

◀ 拓展空间 ▶

奶酪的制作流程

原料乳化→标准化→杀菌→冷却→添加发酵剂→调整酸度→加氯化钙→加凝乳酶凝乳→凝块切割→搅拌→加温→排出乳清→成型压榨→盐渍→热烫拉伸→成型→冷却→真空包装→成熟→出品

◀ 温馨提示 ▶

1. 坚果要预先烤香，一定不能走油。
2. 水牛芝士属于乳清鲜芝士，保质期极短。
3. 大型连锁超市的品牌原料价格相对适中。

24
沙拉 肠仔芝士沙拉
Cheese and Sausage Salad

◀ 知识要点 ▶

1. 奶酪：又叫芝士，是一种发酵的牛奶制品。每千克奶酪制品由10千克牛奶浓缩而成。奶酪含有丰富的蛋白质、钙、脂肪、磷和维生素等营养成分，是纯天然食品。就工艺而言，奶酪是发酵的牛奶；就营养而言，奶酪是浓缩的牛奶。

2. 杂菜丝：在西餐中，我们常把腌制用的芹菜、洋葱、胡萝卜、青蒜四种原料称为杂菜，类同于中餐中的料头。

3. 主要工具：主要有分刀、菜砧、9寸浅式碟2个、圆盆1个、漏勺1个、汤锅1个等。

◆ 准备原料 ▶

主　　料｜法兰克福肠100克、大孔奶酪50克

配　　料｜洋葱丝15克、酸青瓜1条、生菜少许

味汁用料｜蛋黄1只、法国芥末酱5克、橄榄油150毫升、白醋10克

调　　料｜黑椒碎少许

◆ 技能训练 ▶

1. 将肠及大孔芝士切成斜长片。

2. 将酸青瓜切成细条。

3. 将蛋黄、芥末酱放入钢盆中，加入橄榄油用蛋抽打成汁，淋上白醋。

4. 将肠、芝士片、洋葱丝、酸青瓜丝放入汁中，拌匀，撒上黑胡椒碎，放入垫有生菜底的沙拉碟中即可。

◀ **拓展空间** ▶

黄瓜

　　黄瓜，也叫青瓜、刺瓜、胡瓜，葫芦科，黄瓜属。其栽培历史悠久，种植广泛，是世界性蔬菜。嫩果作蔬菜食用，果肉可生食。黄瓜所含蛋白酶有助于人体对蛋白质的消化吸收。果实可酸渍或酱渍。

◀ **温馨提示** ▶

　　1. 应选用半干半硬的奶酪，否则会影响口感。
　　2. 要按原料配方进行加工，使荤素搭配合理，口感不腻。
　　3. 味汁要适量，以有一层薄薄的汁包裹菜品为宜。
　　4. 肠口味很多，可以根据客人的需要进行备料。
　　5. 肠为半成品，要焯水至凉后再用，以确保卫生安全。

25
沙拉 夏威夷鸡沙拉
Hawaii Chicken Salad

◀ **知识要点** ▶

　　1. 特点：夏威夷沙拉的特点是水果用量大、口味甜中带咸。
　　2. 浸：是指水开后离火，利用水的余温使原料成熟的过程。
　　3. 主要工具：主要有分刀、菜砧、9寸浅式碟、钢盆、漏勺、汤锅等。

◀ **准备原料** ▶

主　料 | 鸡肉半边、大的菠萝1个
配　料 | 生菜少许、薄荷叶2束
调味品 | 咖喱粉5克、盐5克、胡椒粉3克
味　汁 | 沙拉酱50克

◆ **技能训练** ◆

1. 将水烧沸,把洗净的鸡肉浸5分钟即熟,置凉后改成2厘米见方的小块,放盐、胡椒粉入味2~3分钟。

2. 将菠萝初加工后改成2厘米见方的小块,放少许盐,腌2~3分钟后拌入沙拉酱及咖喱粉。

3. 将生菜叶垫入碗中,上置菠萝,上面撒上一些鸡块,用薄荷叶装饰即可。

◆ **拓展空间** ◆

夏威夷

夏威夷,是美国在太平洋中部的一个州。夏威夷岛是夏威夷群岛中最大的岛屿,又称大岛(Big Island),以农业为主,盛产甘蔗、菠萝、花卉。

◆ **温馨提示** ◆

1. 选用的菠萝以熟透的为宜,以防味涩。
2. 鸡和菠萝块不能切得太大,也不能太小,否则,会影响美观和味道。
3. 掌握好浸制鸡肉的时间。
4. 腌制菠萝的时间不能太长,久腌会出水,挂不上沙拉汁。

模块 4
汤

26
清汤：牛肉清汤配雪利酒
Beef Com Sommé with Sherry

> **知识要点**

1. 汤的种类：西餐的汤可分为清汤、蔬菜汤、奶油汤、菜汤、鱼虾汤、冷汤等。

2. 清汤：制作清汤时，多用含有鲜味成分的原料（绝大多数为动物性原料），经过煮制而成清澈透明的汤，在此基础上加入简单配料所制成的汤类就是清汤。

3. 清汤的分类：根据制作原料不同，可将清汤分为牛清汤、鸡清汤、鱼清汤、混合清汤等。

（1）牛清汤：牛清汤呈浅褐色，是以牛肉、牛骨为汤料煮制的清汤。用来调制牛肉汤和沙拉汁。

（2）鸡清汤：鸡清汤呈淡黄色，有轻微硫黄气味，是以整鸡或鸡腿及鸡骨为汤料煮制的清汤。可用于制汤和沙拉汁。

（3）鱼清汤：鱼清汤颜色浅黄，是用鱼煮制的清汤，通常为节约成本常使用鱼头、鱼尾、鱼骨。适于调制各种鱼汤。

（4）混合清汤：混合清汤汤色和汤味介于鸡清汤和牛清汤之间，是用鸡肉、鸡骨、牛肉、牛骨混合煮制的清汤。

4. 杂菜：杂菜在西餐中常指洋葱、胡萝卜、芹菜、青蒜四种蔬菜。

5. 烙：是指将杂菜改刀后，放入没有油的热锅中慢慢上色的一种方法。

6. 主要工具：主要有汤锅、菜砧、分刀、不锈钢盆、过滤纸 1 张等。

◂ 准备原料 ▸

主　　料｜牛肉 500 克
配　　料｜洋葱 10 克、胡萝卜 10 克、芹菜 5 克
调 味 品｜盐 3 克、胡椒粉 2 克、牛肉粉 3 克、雪利酒适量

◂ 技能训练 ▸

1. 先将牛肉去掉多余的筋脂，切成条，放入搅拌机中搅碎成泥状。

2. 将牛肉泥放入盆中，用手顺一个方向搅打，由慢至快打至上劲呈胶状体。

3. 将肉泥放入冷水锅中搅散，开大火煮至微沸，并不断撇出汤沫、脂肪。

4. 水微沸后随即改小火熬制 3~4 小时，并不断撇出汤沫、脂肪。

5. 把切好的洋葱、胡萝卜、芹菜丝烙黄，放入小火熬制的汤中。

6. 当汤液量浓缩为原液量 1/2 时，过滤即可。

7. 出餐前调好味，滴入三四滴雪利酒即可。

◂ 拓展空间 ▸

用此方法还可制作鹌鹑清汤、野鸡清汤、水鱼清汤。注意原则上不使用不新鲜和膻味较重的原料。

◀ 温馨提示 ▶

1. 注意汤料与水的比例一般是 1∶3。

2. 一定要将汤料放在冷水锅中。热水会使汤料表面骤然受热使蛋白质瞬间凝结，影响鲜味。

3. 水微沸后要立即改微火，使肉末不断凝结成团，而肉团不被冲散。

4. 如肉团在凝结之时被滚开了，可将 2 个蛋清打至起泡，倒在散开的肉团裂纹上，此时，汤的颜色会略淡。

5. 煮制过程中一定要不断撇出汤沫、脂肪，以保证汤汁清澈。

6. 要选择脂肪含量较少的牛肉，里脊、外脊等皆可选用。

7. 过早放入杂菜会影响汤的香味，一定要在汤微沸 1 小时后再放入。

8. 教学中老师可缩短熬制时间，让学生掌握操作过程即可。

9. 煮制清汤主原料的参考时间是：鱼清汤需小火熬制 1~2 小时，鸡清汤需小火熬制 2~3 小时，牛清汤需小火熬制 3~4 小时。

27
清汤：蘑菇清茶
Mushroom Tea

知识要点

1. 食品脱水机（Food Dehydrator）：食品脱水机是一种烹饪专用的脱水机器，通过长时间低温风干，使原料脱去水分。

2. 主要工具：主要有保鲜膜、带盖沙拉汁锅、食物脱水机、茶具、菜砧、分刀、不锈钢盆、餐碟等。

准备原料

主　料｜金针菇 200 克、口蘑 200 克、茶树菇 200 克、鸡腿菇 100 克、黑松露 10 克

调味品｜干白葡萄酒 500 毫升

技能训练

1. 将各种菌洗净，滤干水分。

2. 每种菌取 50 克，将形大的改刀成薄片，放入脱水机中吹 12 个小时，至其风干完全脱水，备用。

3. 将剩余菌类整理好，形大的改刀成薄片。

4. 将干白葡萄酒倒入锅中煮开后改小火约煮 3 分钟，待去掉酒味后放入所有切片的菌菇，用保鲜膜密封锅口，煮开，熄火焖 5 分钟。利用压力差将菌类的汁水压出来。

5. 将菌汤过滤，杯中放入风干的蘑菇片，倒入过滤的蘑菇原汤即可出餐。

拓展空间

葡萄酒按含糖量不同可分为哪几种？

葡萄酒按含糖量不同可分为 4 种：

1. 干型葡萄酒：所谓"干"（是由英文"dry"一词直接翻译而来），是指葡萄酒中几乎不含糖分。我国《葡萄酒》（GB15307–2006）中规定，干型葡萄酒的含糖量在 4 克/升以下，味干涩或有点苦味。平常所说的干红、干白都属于干型葡萄酒。

2. 半干型葡萄酒：半干型葡萄酒是介于干型和半甜型之间，糖分含量

为 4~12 克/升（0.004~0.012 克/毫升），品尝时能辨别出微弱的甜味。由于颜色不同，其又分为半干红葡萄酒、半干白葡萄酒、半干桃红葡萄酒。

3. 甜型葡萄酒：甜型葡萄酒是指含糖量大于或者等于 45 克/升的葡萄酒，由于颜色不同，又分为甜红葡萄酒、甜白葡萄酒、甜桃红葡萄酒。许多年轻女士或者刚尝试葡萄酒的人偏爱甜型葡萄酒。冰酒就属于甜型葡萄酒。

4. 半甜型葡萄酒：半甜型葡萄酒一般是指含糖量为 12~45 克/升的葡萄酒，在品尝时能感觉到明显的甜味。由于颜色不同，其又分为半甜型红葡萄酒、半甜型桃红葡萄酒。

◀ 温馨提示 ▶

1. 根据时令变化备货菌类。
2. 葡萄酒必须选用干白型的，超市中普通价格的即可。
3. 如要节约成本，练习时干白葡萄酒的用量可减半，可加水代替。
4. 操作器皿要无油，汤汁要调剂口味，可加少许盐。
5. 厨房中如有中式压力锅，上汽一分半钟后即可关火，待其能揭盖后，将原汁过滤即可。
6. 风干菌类可提前制备，要将成品放入保鲜盒中密闭保存。

以葡萄品种命名的
世界知名葡萄酒品牌

28
蔬菜汤：意大利蔬菜汤
Minestrone Soup

◀ 知识要点 ▶

1.蔬菜汤：蔬菜汤是用蔬菜加入汤底调制成的汤类。

2.蔬菜汤的种类：常用蔬菜汤中，大多放些肉或肉汤作底汤，因此，蔬菜汤又称肉类蔬菜汤。肉类蔬菜汤又分为鸡肉蔬菜汤、牛肉蔬菜汤、鱼虾汤等。

3.蔬菜汤的特点：蔬菜品种繁多，色泽鲜艳，可制作出口味多样的汤菜。汤菜通常是第一道热菜。

4.主要工具：制作意大利蔬菜汤的主要工具有汤锅、菜砧、分刀、不锈钢盆等。

5.制作牛基础汤的要领：牛骨焯水后，加10倍的水和5片香叶、10克黑胡椒碎、150克的杂菜，用大火烧开。撇出浮沫后，用小火熬制3小时过滤即可。用此法将牛骨替换掉，还可制作羊肉基础汤、鸡基础汤等白色基础汤。

◀ 准备原料 ▶

主　料｜牛骨汤800毫升、胡萝卜片100克、西芹片70克、土豆片70克、

洋葱片 70 克

配　料 | 烟肉碎 30 克、包心菜 50 克、青豆粒 20 克

调味品 | 番茄酱 100 克、紫苏酱 40 克、蒜蓉 10 克

用　油 | 黄油 100 克

◀ 技能训练 ▶

1. 将锅预热，放入黄油、蒜蓉及主料中的各类蔬菜片和土豆片，炒 2 分钟即熟。

2. 先炒烟肉碎，再放入番茄酱炒 1 分钟。

3. 在牛骨汤中放入以上原料煮开，再放入配料中的包心菜及青豆粒，煮 20 分钟。

4. 出汤时放紫苏酱，面上放蒜蓉即可。

◀ 拓展空间 ▶

可用此法制作法式洋葱汤。

原料：洋葱 500 克、牛骨汤底 1000 克、蒜香面包片及调味品少许。

制法：将洋葱切丝后干炒上色，烹入少许白兰地后倒入汤底，烧开熬制 40 分钟。出餐前调味配蒜香面包片即可。

◀ 温馨提示 ▶

1. 用小火热锅慢熔黄油，以免黄油焦化。

2. 包心菜及青豆粒应后放，以免煮烂发黑。

3. 烟肉碎主要起增香的作用，操作时可根据客人的口味需求确定是否投放。

4. 汤品一般都用牛骨汤底，以突出汤的鲜味。

5. 可事先将青豆用水煮透备用，以节约时间。

29
蔬菜汤：番茄蔬菜牛尾汤
Tomato Oxtail Soup with Vegetables

◆ 知识要点 ▶

1. 牛尾的营养价值：牛尾含有蛋白质、脂肪、维生素等成分，具有补气、养血、强筋骨的功效。

2. 主要工具：主要有汤锅、菜砧、分刀、斩刀、不锈钢盆等。

◆ 准备原料 ▶

主　料｜牛尾1000克、牛肉汤2000克

配　料｜土豆250克、胡萝卜150克、葱头100克、芹菜50克、面粉100克

调味品｜香叶2片、盐15克、胡椒粉3克

味　汁｜番茄酱200克、淡奶油20克

用　油｜黄油100克

◆ 技能训练 ▶

1. 用斩刀将洗净的牛尾斩成2厘米段备用。

2. 把土豆、胡萝卜、葱头、芹菜切成方丁备用。

3. 将牛尾放入锅中，加入4倍的冷水，再投入切好的胡萝卜丁30克、葱头丁20克、芹菜丁10克，用中火煮60~80分钟，至熟软，并把牛尾捞出备用。

4. 将香叶用黄油煸香，再放入土豆丁及剩余的胡萝卜、葱头、芹菜丁炒黄，倒入煮好的牛肉汤中再煮10分钟即可。

5. 用黄油炒面粉，炒到黄色时放番茄酱，炒至油呈红色，再放入牛肉汤冲开搅匀至微沸。

6. 放入煮好的各种菜丁，加盐、胡椒粉，至微沸。

7. 起汤时放入煮好的牛尾，调入少许淡奶油即可。

拓展空间

可用此法制作罗宋汤。

罗宋汤 Russian Borsch

原料：牛肉条60克、胡萝卜条60克、西芹条60克、红菜头40克、洋葱条30克、土豆条60克、牛骨汤1000毫升、番茄酱100克、黄油50克、蒜蓉5克、香叶2片、干辣椒5颗

做法：

1. 将香叶用黄油煸香，放入蔬菜条炒黄。

2. 放番茄酱炒10分钟，再放牛骨汤，最后放牛肉条及干辣椒。

3. 将牛骨汤煮开后放入炒黄的蔬菜条，最后放入土豆条及红菜头煮20分钟即可。

温馨提示

1. 给牛尾斩件时要从关节处下刀。

2. 给牛尾焯水时必须加入胡萝卜、葱头、芹菜，以去除异味。

3. 制汤时必须放入土豆和黄油炒面，否则汤的黏度不够。

4. 可先将牛尾统一进行初处理后再分发给学生。

30
奶油汤：蘑菇奶油汤
Cream of Mushroom Soup

◀ 知识要点 ▶

1. 奶油汤：奶油汤起源于法国，是用油炒面粉加牛奶、清汤、奶油及调味品调制而成的汤类。

2. 奶油汤制作原理：制作奶油汤利用了脂肪的乳化与淀粉的糊化原理。

3. 主要工具：主要有细筛、沙拉汁锅、煎盘、炒勺、蛋抽、菜砧等。

◀ 准备原料 ▶

主　　料｜牛奶 250 克、牛肉汤 1500 克、蘑菇 250 克、洋葱 50 克

配　　料｜低筋面粉 150 克、烤面包丁 20 克

调 味 品｜白兰地 3 克、香叶 2 片、盐 3 克、鲜奶油 50 克

用　　油｜牛油 150 克

◀ 技能训练 ▶

1. 先将洋葱切成细末，蘑菇切成指甲片大小。

2. 往冷锅中放牛油烧至二成热时，放入蘑菇炒制，并加入白兰地，炒好后备用。

3. 将牛奶、牛肉汤混合烧沸备用。

4. 将牛油熔化，加入香叶、面粉炒出香味呈浅黄即可。

5. 把面粉徐徐倒入 50℃的牛奶肉汤底中，用蛋抽打匀，至淀粉完全糊化后过筛。

6. 在煮好的汤料中加入炒好的蘑菇，下盐调味。

7. 在用餐前加入鲜奶油，撒上烤面包丁即可。

◀ 拓展空间 ▶

可用此方法，将改刀成小丁的芦笋或甜玉米粒用黄油炒过后和入事先调好的奶油汤中，分别制作芦笋奶油汤、甜玉米奶油汤。

◀ 温馨提示 ▶

1. 炒面粉之前要过筛，否则面粉会有颗粒。
2. 徐徐倒入炒面时，牛奶肉汤底温度不宜过高，并要快速抽打均匀，以免加入的面瞬间凝结成团。
3. 将面粉用小火炒至蜂窝状、色微黄、有面粉香味即可。
4. 熔化牛油时不宜用大火，以免牛油焦化。
5. 过早加入奶油会失去香味。

31
浓汤：栗子蓉汤
Mashed Chestnut Soup

◀ 知识要点 ▶

1. 蓉汤：蓉汤是指用各种蔬菜制成的菜蓉，加上清汤或浓汤调制成的汤类。

2. 蓉汤的特点：蓉汤营养丰富，易于吸收，流行很广，西方各国都有这种类型的汤。

3. 主要工具：主要有细筛、沙拉汁锅、煎盘、炒勺、蛋抽、菜砧、搅拌机等。

◆ 准备原料 ◆

主　料｜栗子 1000 克、牛奶汤 750 克
配　料｜洋葱 15 克、方面包 1 片
调味品｜盐 3 克、鸡精 2 克、胡椒粉 2 克、白兰地 3 克、香叶 1 片、
　　　　淡奶油 5 克、油面酱 15 克
用　油｜黄油 100 克

◆ 技能训练 ◆

1. 将面包片改切成小丁，放入 120℃油锅中炸制，至面包丁金黄即可。

2. 将栗子去皮后一分为二，洋葱切成细末。

3. 用黄油滑锅，加入香叶、栗子、洋葱稍炒后烹入白兰地酒。

4. 锅中加入牛奶汤、油面酱，用大火烧沸，改小火煮至栗子成泥后，用细筛过滤。

5. 将盐、鸡精、胡椒粉加入汤中。

6. 出餐前再淋入淡奶油，撒上炸面包丁即可。

◀ **拓展空间** ▶

可用此法制作南瓜蓉汤、青豆蓉汤。

栗子

栗子，为壳斗科植物栗的种仁，又叫板栗、大栗、栗果、毛栗，有"肾之果"的美名。每 100 克板栗中含蛋白质 5.3 克、脂肪 1.7 克、碳水化合物 77.2 克、钙 15 毫克、铁 1.2 毫克、锌 1.32 毫克、维生素 E11.45 毫克、核黄素 0.15 毫克、维生素 C2.5 毫克。栗子富含柔软的膳食纤维，升糖指数比米饭低。

◀ **温馨提示** ▶

1. 在栗子上打十字花刀蒸透后再用热油炸，易脱壳。
2. 炒制时要用黄油和白兰地酒，以增加香味。
3. 煮栗子时，加汤量不宜过多，以没过栗子为宜。
4. 煮制栗子时，可用蛋抽搅打，以加快分解。
5. 在选择原料时要视季节而定。

32
浓汤：美国花椰菜忌廉汤
American Cauliflower Cream Soup

◀ **知识要点** ▶

1. 忌廉：忌廉是统称，为新鲜白色的牛奶制成的液体，其乳脂含量较牛奶高。在中文里，奶油和忌廉稍有不同。这里的奶油是指传统的普通奶油，它比较油腻，而忌廉相对清淡爽口些。实际上，在英文里，奶油和忌廉是同一种东西的不同类型而已。

2. 主要工具：主要有细筛、沙拉汁锅、煎盘、炒勺、蛋抽、菜砧、搅拌机、汤碗等。

◀ 准备原料 ▶

主　料｜花椰菜 500 克、鲜奶 250 克
配　料｜洋葱 50 克、芹菜 20 克切末、面粉 20 克、鲜鸡蛋黄一个
调味品｜鲜忌廉 10 克、鸡精 5 克、蜜嗲拉酒 5 克、胡椒粉 3 克、盐 5 克
用　油｜黄油 150 克

◀ 技能训练 ▶

1. 先将花椰菜切成小朵，放入沸水中煮熟。
2. 选出完整的数朵留下，其余的放入果汁机内打烂成菜浆。
3. 将煮菜的原汤和鸡精放入菜浆内煮沸。
4. 将洋葱、芹菜切成粒待用。
5. 用平底锅将黄油熔化，加入洋葱粒、芹菜粒翻炒两下，撒入面粉炒匀。
6. 倒入菜浆汤，煮沸，再加入牛奶及打匀的鸡蛋黄。
7. 离火加入鲜忌廉搅匀，放入保暖桶。
8. 出餐前放入胡椒粉和盐，再加入蜜嗲拉酒及小朵的熟花椰菜拌匀即可。

◀ 拓展空间 ▶

可用此法制作胡萝卜忌廉汤、蘑菇忌廉汤、土豆忌廉汤。

花椰菜

花椰菜，属甘蓝类蔬菜，有白、绿两种，又名花菜或菜花，绿色的又叫西蓝花、青花菜。它们是由甘蓝演化而来，起源于欧洲地中海沿岸，白、绿两种菜花的营养、作用基本相同，绿色的较白色的胡萝卜素含量要高些。

◀ 温馨提示 ▶

1. 尽量少用花椰菜梗。
2. 煮菜的原汤要留用，可使菜味更浓。
3. 要将花椰菜煮透后再放入搅拌机打成浆，这样口感才细腻。
4. 一定要在汤离火后放入鲜忌廉，否则忌廉会凝结。
5. 牛奶和蛋黄可以增加汤的香味和色度，但不宜长时间保存。

33
鱼虾汤：法式鱼虾汤
French Fish and Shrimp Soup

◀ 知识要点 ▶

1. 鱼虾汤：是指以鱼、虾为主要原料，配上蔬菜制成的汤。
2. 主要工具：主要有细筛、沙拉汁锅、煎盘、炒勺、蛋抽、菜砧等。

◀ 准备原料 ▶

主　　料｜鲜鱼骨汤底 1500 克、海石斑鱼肉 60 克、鲜虾肉 50 克
配　　料｜胡萝卜 50 克、甜玉米 50 克、青豆 50 克、面粉 80 克
调 味 品｜胡椒粉 3 克、盐 5 克、咖喱粉 6 克、柠檬 1/3 个
用　　油｜黄油 150 克

◀ 技能训练 ▶

1. 洗净整理鲜虾肉，加柠檬汁腌制。
2. 将面粉过筛。
3. 在平底锅中将黄油加热至熔化。
4. 加入面粉炒至微黄微香，呈蜂窝状。
5. 徐徐注入用鱼骨熬成的汤底，煮沸，加胡椒粉及盐，用细筛滤一遍。
6. 将虾肉切丁、鱼肉切条、胡萝卜切丁备用。
7. 加入咖喱粉、胡萝卜丁、甜玉米、青豆煮熟，然后加虾肉丁及鱼肉条，再煮 2 分钟即可。

◀ 拓展空间 ▶

石斑鱼

石斑鱼，别名鲙鱼，属鮨科、石斑鱼属，是暖水性近海底层名贵鱼类。石斑鱼为雄雌同体，具有性转换特征，首次性成熟时全系雌性，次年再转换成雄性。为肉食性凶猛鱼类，以突袭方式捕食底栖甲壳类、各种小型鱼类和头足类海洋动物。其肉质肥美鲜嫩，营养丰富，被奉为上等佳肴。其价格昂贵，经济价值高。

◀ 温馨提示 ▶

1. 炒制面粉前一定要过筛，以免有颗粒。
2. 要顺纹路将海石斑鱼切成细条，否则易碎。
3. 清洗鲜虾肉时一定要去掉虾肠，否则会影响口感。
4. 菜粒的量不要太大，约占 1/5 即可。
5. 海鲜不要久煮，否则易散。

模块 5
热菜

澳洲牛柳

低温鸭脯配南瓜泥红酒汁

新西兰羊排配洋葱圈

炸鸡汉堡配薯条

34
热菜 煎法国鹅肝配意大利黑醋汁
Fried Foie Gras with Italian Black Vinegar

◆ 知识要点 ◆

1. 鹅肝：鹅肝是法国的传统名菜，法语称为"Foie gras"，直译成中文为"肥肝"。其中，"Foie"是肝的意思，"gras"是肥的、脂肪的意思。

2. 主要工具：制作煎法国鹅肝的主要工具有沙拉汁锅、煎盘、菜砧、分刀、不锈钢盆、餐碟等。

◆ 准备原料 ◆

主　　料 │ 法国鹅肝 150 克

青苹果泥用料 | 青苹果 1 个、黄油适量

配　　料 | 法包 1 块切片、坚果 10 克、芽菜 5 克

调 味 品 | 盐 3 克、白胡椒粉 2 克、瓶装意大利黑醋汁 20 克

用　　油 | 黄油 20 克

◆ 技能训练 ◆

1. 将青苹果去皮、切片，放黄油炒一会儿，加水煮 3 分钟，用搅拌机打成泥。

2. 将法包片和坚果分别烤香备用。

3. 将鹅肝切大块，放盐、白胡椒粉腌制 1 小时。锅中放黄油，快速将鹅肝两面煎至上色熟透。

4. 将苹果泥在盘中垫底，放上烤香的法包片，再放煎香的鹅肝，搁上芽菜，撒上烤香的坚果仁，挤上瓶装意大利黑醋汁即可。

◆ 拓展空间 ◆

如何让鹅肝变大

在自然界，鹅和鸭这样的候鸟在长途飞行之前会大量进食，以储备能量。古埃及人早在四五千年前就发现它们的肝十分美味，想方设法让它们长肝。野生的鹅在"增肥"期间一般每天吃一千克左右的食物，而养殖的鹅则不得不吃得更多。

◆ 温馨提示 ◆

1. 鹅肝不易在常温下长时间存放，否则油脂会溢出。

2. 煎鹅肝时，温度不宜过低或太高。

3. 初处理鹅肝时，不论冷吃或热吃，都要去血筋。

4. 新鲜的鹅肝可用牛奶泡制两小时，以去除血水和腥味。

5. 煎制鹅肝时可烹入少许干红葡萄酒，以增加风味。

35

热菜 扒黑椒牛排
Grilled Steak with Black Pepper

◆ 知识要点 ◆

1. 煎：是指不盖锅盖，用适量的油在煎盘里烹调食物。
2. 常用工具：主要有平底煎锅（扒炉）、菜砧、分刀等。

◆ 准备原料 ◆

主　　料	牛仔骨 300 克
配　　料	生牛脂肪 100 克、不少于 3 种时令蔬菜、炸薯条 150 克 / 份
调 味 品	黑胡椒碎 25 克、胡椒粉 3 克、盐 3 克、李派林嗨汁数滴、红葡萄酒 10 克、大蒜 1 颗、白兰地酒 50 克
用　　油	牛油 50 克、食用油 50 克
其　　他	松肉粉 5 克

◆ 技能训练 ◆

1. 将牛仔骨打理整齐，放入松肉粉揉匀，再加入黑胡椒碎抹匀。
2. 在处理过的牛仔骨中放入胡椒粉、盐、李派林嗨汁、红葡萄酒、大蒜片拌匀。

3. 将食用油淋在牛仔骨表面，放置半小时。

4. 将牛脂肪放在平底锅上，炸出牛脂，弃去油渣，加入腌入味的牛仔骨煎至所需成熟度。先煎黄一面，然后煎另一面。

5. 将牛仔骨煎熟后立刻上桌，用炸薯条及时令蔬菜伴食。将牛油煮化后淋在牛仔骨上，再将白兰地淋在面上点燃。

◀ 拓展空间 ▶

黑胡椒和白胡椒

黑胡椒（Black Pepper），学名 Piper Nigrum，是胡椒科的一种开花藤本植物，它的果实在晒干后通常可作为香料和调味料使用。

黑胡椒是由胡椒藤上未成熟的浆果制成的。使用时，首先把浆果在热水中煮片刻，以清洗其表面并预备干燥。加热后会破坏果实的细胞壁，加速干燥过程中褐化酶的作用。其后几天时间里，浆果会被暴晒于太阳下或在机器中烘干。在此过程中，由于真菌反应的作用，包裹着种子的果皮会逐渐变黑并收缩，最后成为薄皱的一层。在干燥过程结束后，得到的产品便是黑胡椒。

白胡椒则是由移除果皮的种子制成的。通常选用完全成熟的浆果，并将浆果在水中浸泡约一星期。在这段时间内，果肉部分会松软并逐渐腐烂。通过摩擦去除果肉残留物后再将裸露的种子烘干，便可得到白胡椒。

◀ 温馨提示 ▶

1. 用牛油煎制牛仔骨可以增加乳脂香，但成本较高，因此练习时可用普通油代替。

2. 可以根据个人口味来增减黑胡椒的量。

3. 操作前腌制时间不宜太长，以免盐把肉质中的水分析出。

4. 牛仔骨的成熟度通常有三成、五成、七成和全熟之分；肉叉按下去软的为三成熟；按下去能回弹的为五成熟；按下去有硬感、切面有血水的为七成熟；按下去稍硬、切面无血水的为全熟。

36
热菜 扒牛柳心配卑亚妮汁
Grilled Fillet Steak with Béarnaise Sauce

◆ 知识要点 ◆

　　1. 牛柳：指牛的里脊肉。一条完整的牛柳分为柳头、柳身、柳尾三部分。

　　2. 主要工具：主要有平底煎锅、扒炉、菜砧、分刀、蛋抽、打汁盆等。

◆ 准备原料 ◆

主　　料｜牛柳500克

配　　料｜不少于3种时令蔬菜、鲜蛋黄2个、小土豆1个

调味品｜胡椒粉5克、盐8克、干葱头2个、洋醋半茶杯、他拉根香草3克

用　　油｜牛油150克、食用油100克

◆ 技能训练 ◆

　　1. 将牛柳切去旁边的肉及筋络，撒匀胡椒粉及盐，并涂匀牛油。

　　2. 将干葱头剥去外层薄衣后切成细粒，放在平底锅内，加入洋醋、他

拉根香草煮至葱粒出味。

3. 在双层锅的下层放入沸水，上层放入鲜蛋黄，隔热水用蛋抽将蛋黄搅打起泡。用匙将熔解的牛油一匙一匙陆续加到蛋黄液中，随打随加，并加入煮好的葱粒及醋一并打匀。放少许盐，拌匀成味汁。离开热水，一直将味汁搅打成软膏状，即成卑亚妮汁。

4. 将小土豆包上锡纸，放入烤炉中烤熟。

5. 将牛柳放入扒炉内不停翻动，扒制 5 分钟，取出，切成四片备用。

6. 拌以土豆及蔬菜即可。

◆ 拓展空间 ◆

巧用牛柳头尾

牛柳头尾两端可另作他用，例如制作串烧牛柳和小件的牛柳扒菜等。

煎牛排的几点注意事项

1. 不能煎得全熟，如果全熟，牛排就老得咬不动了，一定要带几分生。

2. 不能加盖煎，要开盖煎，以防升温过高。由于温度不高，所以不必担心油会飞溅。

3. 在煎制时要频繁翻面，以免单面过熟。

4. 不是所有的牛肉都能用来煎牛排，要选用特定部位的牛肉。

5. 因为牛排总带几分生，所以选料一定要新鲜，品质要有保证。

◆ 温馨提示 ◆

1. 制作此道菜时以 1 年左右的牛的里脊中段肉为首选，其肉质细嫩。使用前要打掉外面的筋膜。

2. 煎制时可烹少许干红葡萄酒。

3. 做好的味汁要保温，保质期为一两天。

4. 为了增加乳脂味，可用牛油煎制，但要去掉乳脂，搅打时要匀速，加油量不宜过快。

37
热菜 伦敦腰窝牛排
London Broiled Beef Tenderloin

◆ 知识要点 ◆

1. 炙烧：是指用来自食物下方的辐射热能烹调食物的一种方法。
2. 主要工具：主要有肉扦、炙烤炉、菜砧、分刀、钢盆等。

◆ 准备原料 ◆

主料 | 牛外脊 1000 克

配料 | 土豆 1 个、水香菇 1 颗、白蘑菇 1 颗、芦笋 2 根

腌料 | 植物油 250 克、柠檬 1 个、盐 5 克、黑胡椒碎 10 克、百里香 3 克、蘑菇沙拉汁 150 克

用油 | 牛油 50 克

◆ 技能训练 ◆

1. 除掉牛外脊上的脂肪和组织纤维。
2. 将植物油、柠檬、盐、黑胡椒碎、百里香、蘑菇沙拉汁混合成味汁，备用。
3. 将牛外脊放入方盘中，均匀地淋上味汁，加盖腌制 2 小时。

4. 将土豆削成橄榄状后投入冷水中煮熟，再用牛油焗透装盘。

5. 将牛外脊从腌泡汁中取出，放到已预热到 220℃的炙烧炉中或架烤炉上，烧烤 6~10 分钟，使其外层全熟，里层三成熟。

6. 将牛外脊从炙烧炉中取出，切成片。

7. 将牛外脊装盘，配焯过水的芦笋、白蘑菇、水香菇，淋上蘑菇沙拉汁即可。

拓展空间

芦笋

芦笋并非芦苇的嫩芽，因其状如春笋而得名。在西方，芦笋被誉为"十大名菜之一"，是一种高档而名贵的蔬菜。它有鲜美芳香的风味，纤维柔软可口，能增进食欲，帮助消化。芦笋所含维生素和微量元素的质量优于普通蔬菜，经常食用有益身体健康。芦笋中含有丰富的叶酸，大约 5 根芦笋就含有 100 多微克，已达到每日需求量的 1/4。

温馨提示

1. 牛肉要新鲜，肉质要嫩，最好肥瘦相间。

2. 炙烤时，热源来自食物上方为最好。

3. 烤制时注意将原料翻面刷油，每一面烤 3~5 分钟。

4. 装盘的分量一般为 150 克。

5. 牛肉腌制时间不能少于 1 个小时，如是夏天，最好放入冰箱，以防变质。

38
热菜 俄罗斯炒牛肉
Stir-fried Beef, Russia Style

知识要点

1. 炒：是指以油为主要导热体，将小型原料用中旺火在较短时间内加热成熟、调味成菜的一种烹调方法。

2. 主要工具：主要有平底炒锅、炒勺、菜砧、分刀等。

● 准备原料 ●

主　　料｜牛柳 250 克

配　　料｜干面粉 50 克、洋葱 50 克、白菌 25 克、酸黄瓜 50 克、青甜椒 50 克、红甜椒 50 克

调味品｜胡椒粉 3 克、盐 7 克、番茄酱 10 克、柠檬汁 5 克、红葡萄酒 50 克、酸忌廉 50 克

用　　油｜牛油 100 克、黄油 50 克

主　　食｜白米饭 1 碗

● 技能训练 ●

1. 将牛柳去筋络，切成细条，撒上胡椒粉、盐，放在干面粉内滚几下，筛去多余的面粉。

2. 将所有蔬菜原料和白菌切丝，用黄油翻炒，放入盐和胡椒粉，炒至断生备用。

3. 用牛油滑锅，放入牛柳条，用大火炒 20 秒左右，加入番茄酱、柠檬汁、红葡萄酒，拌匀后和入蔬菜和白菌，炒 15 秒左右加入酸忌廉，立刻上桌，用白米饭拌食。

注：此菜式原本出自俄罗斯，后传入法国，再传至欧美，现在已在世界各国流行。

◀ 拓展空间 ▶

俄罗斯菜肴特点

俄式菜选料广泛、制作讲究、加工精细、因料施技、讲究色泽、味道多样、适应性强、油大、味重。俄罗斯人喜欢酸、甜、辣、咸的菜。因此，在烹调中多用酸奶油、奶渣、柠檬、辣椒、酸黄瓜、洋葱、白塔油、小茴香、香叶作调味料。俄罗斯人特别喜欢鲑鱼、鲱鱼、鲟鱼、鳟鱼、红鱼子、黑鱼子、烟熏过的咸鱼、鲳鱼等。肉类、家禽菜肴和各种各样的肉饼非得要烧得熟透才吃。俄罗斯人也喜欢吃用鱼肉、碎肉末、鸡蛋、蔬菜做成的包子。

◀ 温馨提示 ▶

1. 牛肉要选较嫩部位，肉质要细嫩。
2. 要沿横纹切牛肉，切得不宜太粗，炒制时动作要快。
3. 菜品略带汤汁，不宜收得太干。
4. 为了增加肉质的嫩度，可用松肉粉腌制。腌制时，下五成味。

39
热菜 匈牙利式煨牛肉
Simmered Beef in Tomato Soup, Hungarian Style

◀ 知识要点 ▶

1. 煨的特点：煨制菜肴时，因滋味不散失，故调成的菜式均原汁原味。
2. 主要工具：主要有煎盘、分刀、炒勺、沙拉汁锅等。

◀ 准备原料 ▶

主　　　料｜牛臀肉 300 克
配　　　料｜胡萝卜 30 克、洋葱 30 克、白菌 30 克、酸忌廉 10 克
调 味 品｜胡椒粉 2 克、盐 4 克
味汁用料｜番茄酱 50 克、油面酱 10 克、布朗汁 500 克

用　　油 | 黄油 50 克

◆ 技能训练 ◆

1. 将牛臀肉切成 2 厘米的方粒，撒胡椒粉及盐调味。
2. 将锅滑油后，用大火爆炒牛肉粒，至色微黄备用。
3. 将胡萝卜洗净去皮切粒，放入水锅中煮透备用。
4. 将洋葱切粒，用油炒黄。
5. 放入油，将番茄酱炒出红油后，再放入油面酱、牛肉粒、布朗汁搅拌均匀。
6. 将"5"中炒好的原料放入有盖的煲内，用慢火煨煮 20 分钟即可。
7. 加入胡萝卜，出餐前放入白菌、洋葱和酸忌廉，拌和即可。
8. 拌以炒好的菠菜面进食。

◆ 拓展空间 ◆

牛肉的排酸

排酸，就是行话中所指的"吊酸"。即将宰杀处理好的肉体，保存于特定的温度、湿度和持续特定时间的冷藏环境中，以此来改进和提高牛肉的嫩度、风味和多汁性。进口和加工好的肉制品多进行过排酸处理。

◆ 温馨提示 ◆

1. 为了增加菜品的色度，可加入少许红椒粉。
2. 由于配料的质地不同，要注意先放胡萝卜，以保证菜形。

3. 煮制的胡萝卜能用肉扦利落地插入即为"透"。

4. 要选用胶质较多的牛臀肉或牛胸口肉,以保证肉质黏滑。

40
热菜 红酒烩牛舌
Braised Beef tongue in red wine

◆ 知识要点 ▶

1. 干红葡萄酒:干红葡萄酒就是不添加任何水、香料、酒精等添加剂,直接用纯葡萄汁酿造的酒。

2. 主要工具:主要有煎盘、分刀、炒勺、沙拉汁锅等。

◆ 准备原料 ▶

主　　料｜牛舌 1 根约 1500 克

杂菜水用料｜洋葱 50 克、芹菜 20 克、青蒜 20 克、胡萝卜 50 克

配　　料｜干红葡萄酒 30 克、蜜豆、草菇、嫩玉米、土豆 1 个

调 味 品｜盐 10 克、胡椒 6 克、鸡粉 10 克、香叶 3 片

味　　汁｜布朗汁 500 克

用　　油｜黄油 200 克

◆ 技能训练 ◆

1. 煮一锅杂菜水，将牛舌投入锅中焯水后刮去舌苔洗干净。
2. 把锅烧热后滑油，将牛舌表面快速煎上色。
3. 把干红葡萄酒倒入布朗汁内，放入香叶和其他调味品煮沸，再放入牛舌，用中火煮 1.5 小时。
4. 将红酒汁煮浓，加入黄油调匀，浇于盘边。
5. 将牛舌改刀，片成片待用。
6. 将 3~4 片牛舌置于盘内，配上配料中的蔬菜和炒土豆片即可。

◆ 拓展空间 ◆

酒与菜肴的搭配

白葡萄酒与白色的食物搭配，如鸡、鱼、奶油、水牛肉、壳类海产品等；红葡萄酒与红色的食物搭配，如牛肉、猪肉、鸭、野味等。

菜肴越是味浓，所搭配的葡萄酒也应越浓烈。通常，调味汁中带有醋的沙拉是不能与葡萄酒搭配的。同样，有咖喱和巧克力的甜品也不适合同葡萄酒搭配，因为带醋的调味汁与葡萄酒相抵触会产生很不柔和的味道，咖喱的辣味会抹杀酒的细腻口味，巧克力很甜，并带有特殊的味道，任何酒的味道都会被巧克力的味道压住。

甜型葡萄酒会使食欲减退，所以不应在餐前饮用，而应在餐后与甜品一起享用。香槟酒几乎可以和任何食物搭配，并可在整个进餐过程中饮用。

西餐与葡萄酒的搭配

◆ 温馨提示 ◆

1. 要将牛舌根部清理干净。
2. 焯水后，要将牛舌立即投入冷水中，以便刮除舌苔。
3. 粗加工牛舌时，要用冷水加入杂菜同煮，以去掉异味。

41

热菜 罗马式炸小肉饼
Coppiette

◆ 知识要点 ▶

1. 炸：是指将食物放入食用油中加热（油的液面高于食物高度）。
2. 主要工具：主要有多功能搅拌机、沙拉汁锅、分刀、钢盆等。

◆ 准备原料 ▶

酱汁用料 | 洋葱1个100克、番茄膏50克、胡椒粉4克、盐8克、黄肉汁500克、布朗汁适量

肉酱用料 | 牛肉750克、肥猪肉50克、蒜蓉10克、迷迭香粉5克、豆蔻粉5克、芫荽10克、葡萄干20克

肉饼用料 | 三明治面包500克、牛奶250克、做好的肉酱、胡椒粉少许、盐适量、鲜蛋2只作蛋液、面包糠50克、干面粉少许

用　　油 | 食用油750克

配　　食 | 煮熟的意大利粉100克/份

配　　料 | 松子20克、巴美仙芝士粉少许

◆ 技能训练 ◆

1. 先将洋葱切粒,用少许油爆黄,加入 250 克剁碎的牛肉末以及番茄膏、胡椒粉 2 克、盐 4 克,翻炒至牛肉末成颗粒状。

2. 将上述原料盛入有盖的锅内,放入布朗汁,加盖,用慢火熬成浓稠的黄肉酱汁。

3. 另将牛肉 500 克、肥猪肉、蒜蓉、迷迭香粉、豆蔻粉、剁碎的芫荽、葡萄干一同放入多功能搅拌机内搅成肉酱。

4. 撕去三明治的面包皮,将面包心搓成面包屑,用牛奶浸透,加入肉酱、胡椒粉及盐拌匀,搓成小肉圆,然后压扁成为小饼形。

5. 将小饼蘸匀干面粉,再蘸上鸡蛋液,均匀地蘸上面包糠,用手轻按压实。

6. 将小饼逐个放入 180℃油锅内,炸至小饼浮面、色金黄即可捞出。

7. 食时将煮熟的意大利粉放在碟内,将炸好的肉饼放在旁边,将熬成的肉酱汁放在汁盅内,任宾客取用。

8. 上桌前将松子及巴美仙芝士粉撒在肉饼及意大利粉上,将剩余肉饼和肉汁放在桌子中央,由宾客自取。

◆ 拓展空间 ◆

奶油意大利粉

原料:圆条意大利粉 100 克、鸡胸肉 50 克、新鲜白菌菇 5 个、洋葱碎 5 克

配料:淡奶油 10 克、牛油 50 克、盐 4 克、鸡粉 2 克、芝士粉 10 克、白葡萄酒 3 克、调和油少许、番芫荽碎少许

制作:

1. 意大利粉需要预先经过一番处理。烧开水后,放入适量的牛油,然后倒入意大利粉,煮至意大利粉中间透明而无白心时即捞起,用凉水冲至冷透。滤干水分后加入少量调和油,搅拌均匀。

2. 烧热平底锅(或不粘锅),放入牛油,将少许洋葱碎爆香。

3. 把鸡胸肉先切成薄片再切丝,蘑菇洗净切片,然后一起倒入锅中爆炒,并洒进少量白葡萄酒。加入适量的淡奶油、盐、鸡粉和芝士粉调味,

推匀后放少量软牛油再推匀。

4.将意大利粉倒入锅中,翻炒均匀后装碟,撒上少量晒干的番芫荽碎。

◀ 温馨提示 ▶

1.选用隔夜的三明治为宜,因水分少,易搓碎,利于浸透。

2.牛肉最好选用上颈、前胸或者后臀胶质较多的部位。

3.为了使牛肉起劲更好,可在打胶过程中加入一些蛋清。

42
热菜 炸吉列猪排
Deep-fried Pork Chops with Rosemary

◀ 知识要点 ▶

1.吉列(Cutlet):吉列原本泛指肉片,现特指经油炸后的肉片,常见于日本料理。通常是将主料先蘸裹上面包糠再放于热油中,炸至外脆内嫩。吉列的主料有很多,例如猪排、鸡排、鱼、虾及蚝(牡蛎)等。

2.常用工具:有炸炉、菜砧、分刀等。

◀ 准备原料 ▶

主　料 | 猪排4件,每件约重120克

配　　料｜时令蔬菜、面粉 50 克、面包糠 150 克、番茄 2 个

蛋液用料｜鸡蛋 2 只、洋葱 30 克、番芫荽 5 克、迷迭香粉 5 克、胡椒粉 2 克、盐 3 克

用　　油｜牛油 150 克、食用油 100 克

配　　食｜意大利面 250 克

◆ 技能训练 ◆

1. 将番芫荽和洋葱切碎备用。

2. 将鸡蛋打成蛋液，加入洋葱粒、芫荽碎、迷迭香粉及胡椒粉、盐，调匀备用。

3. 将猪排的肥肉切除，拍平猪排，撒匀面粉。

4. 用调制好的蛋液腌制猪排 3 分钟。

5. 给猪排撒上面包糠，用手压平。

6. 将切下的肥猪肉放入平底锅内炸出猪油。放入猪排，炸至金黄，取出，放在吸油纸上吸去油脂。

7. 另取一口锅，烧热，用牛油炒意大利面，然后将炸好的猪排斜倚在边上。

8. 将番茄用牛油煎熟，与时令蔬菜及意大利面拌食。

◆ 拓展空间 ◆

迷迭香

迷迭香（rosemary），原产于地中海，属于常绿灌木。野生的或种植于白垩土壤上的较矮小，为芳香灌木。其细长，甜香的叶片富含精油成分，常用来增加食物的风味。夏天时，迷迭香会开出蓝色的小花，看起来好像小水滴般，所以 Rosmarinus 在拉丁文中的意思是"海中之露"。迷迭香也有象征忠诚的意思，因此在欧洲的婚礼中常见新娘以迷迭香作为配饰，向世人昭告她对爱情的忠贞。

◆ 温馨提示 ◆

1. 要打掉猪外脊硬膜，用肉锤拍松。

2. 迷迭香粉可以增加特殊香味，但量不宜过大。

3. 蘸裹面包糠时，应裹匀并压实，以免炸制时脱落。

4. 炸制猪排时，油温为五六成，表皮上色即可。

5. 腌制肉时要下五成味，同时打少许水使肉质嫩一些。

43
热菜 诺曼底式焗猪排
Baked Pork Chops, Normandy Style

◀ 知识要点 ▶

1. 焗：是指在烤箱里或在明火前的钎上，利用干燥的热空气在食物周围循环，对食物加热的烹调方法。

2. 主要工具：主要有平底煎锅（扒炉）、烤炉、菜砧、分刀等。

◀ 准备原料 ▶

主　　　料｜猪小排3根

配　　　料｜土豆200克、洋葱50克、时令蔬菜不少于三款约400克

味汁用料｜黑胡椒粉3克、盐5克、细白砂糖25克、菠萝（挤菠萝汁用）400克、柠檬汁15克

◆ 技能训练 ◆

1. 剔除猪小排多余的肥肉后，用黑胡椒粉、盐、细白砂糖、菠萝汁、柠檬汁腌味。

2. 将猪小排放入焗盘，置于预热到250℃的焗炉内。

3. 焗25分钟，肉熟后即可。与土豆条、洋葱、时令蔬菜配食。

◆ 拓展空间 ◆

法式菜

法式菜在西餐中名气最大。法式大餐在原料使用上讲究广、精、鲜。一般来说，西餐在选料上局限性较大，但法式菜的选料却很广泛，如蜗牛、百合、椰树芯等都可入菜，而且选料很精，并要求原料绝对新鲜。法式菜在烹调方法上也很讲究，做法精细，有时，一道菜要数道工序才能完成。在沙拉汁的制作上更是考究，很多沙拉汁都要煮8小时以上。法式菜的口味浓、鲜、嫩，吃牛扒一般要求三四成熟。

◆ 温馨提示 ◆

1. 要打掉肉排多余的肥脂，以免油腻。
2. 腌制时，应控制好用盐量，不可多放，以三成味为宜。
3. 焗烤时要注意观察肉排表面颜色的变化，防止焦煳。

44
热菜 扒烟肉卷猪柳
Baconed Pork Tenderloin Roll

◆ 知识要点 ◆

1. 调制红酒汁：将干葱末用黄油炒透，加入红葡萄酒煮出味后再加布朗汁收浓，即可调制成红酒汁。

2. 主要工具：主要有平底煎盘（或扒炉）、菜砧、分刀、棉线等。

◀ 准备原料 ▶

主　　料｜猪柳 300 克、烟肉 4 片

配　　料｜土豆 2 个，时令蔬菜（白椰菜花 2 朵、西蓝花 1 朵、胡萝卜条 2 根）

调味品｜黑胡椒粉 3 克、盐 5 克

装饰料｜番芫荽 2 克

用　　油｜黄油 100 克

味　　汁｜红酒汁

◀ 技能训练 ▶

1. 将土豆切条投入冷水锅中煮至断生，之后放入油锅中略炸，备用。

2. 将猪柳打掉外膜，撒适量黑胡椒粉及盐调味。

3. 将烟肉片卷在整条猪柳的外围，用棉线捆扎好，备用。

4. 将捆扎好的猪柳煎上色，放入烤炉中烤至熟透。

5. 将土豆条用黄油炒过，加入盐和胡椒调味。

6. 将猪柳放入盘中，配上时令蔬菜和土豆条，用番芫荽装饰，单跟红酒汁即可。

◀ 拓展空间 ▶

烟肉

烟肉 Bacon，即咸肉，又译为"培根"，是用猪胸肉或其他部位的猪肉熏制而成。烟肉一般被认为是早餐的头盘，将之切成薄片，放在锅里烤或用油煎，味道极好。

◀ 温馨提示 ▶

1. 注意选料，土豆要选蜡质的，苹果要选粉质的，以保证出品质量。
2. 卷肉柳时一定要卷紧，且要用牙签穿扎好。
3. 煎制肉柳时要先滚边。
4. 煎制中注意不断淋油，以使其快速成熟。
5. 鲜肉要选前胸或坐臀肉，咸肉要选五花肉。

45
热菜 猪柳卷配白葡萄酒香梨黄芥末汁
Fried Pork Tenderloin Rolls with White Wine, Fragrant Pear and Mustard Juice

◀ 知识要点 ▶

1. 芥末酱：也称芥末、芥辣或芥辣酱，为一种黄褐色稠状物，具有强烈鲜明的味道。它一般由芥菜类蔬菜的籽研磨掺水、醋或酒类调制而成，亦会添加香料或是其他添加剂，以增香、增色。
2. 常用工具：有沙拉汁锅、煎锅、分刀、菜砧、炒勺等。

◀ 准备原料 ▶

主　料｜猪里脊 250 克

腌　料｜胡萝卜 100 克、洋葱 50 克、西芹 50 克、盐 3 克、黑胡椒碎 5 克、红葡萄酒 150 毫升、香叶 1 片、百里香碎 2 克

配　料｜香梨 150 克、芦笋尖 500 克、油浸樱桃番茄 1 颗、西蓝花 20 克、樱桃萝卜 2 片、土豆 150 克、胡萝卜适量

调味品｜盐、白胡椒粉、黄油少许，柒牌黄芥末一瓶，白葡萄酒 150 毫升

◆ 技能训练 ◆

1. 将猪里脊整理干净，把筋（硬的白色外膜）去掉，沿横纹切成薄片。用胡萝卜、洋葱、西芹、盐、黑胡椒碎、红葡萄酒、香叶、百里香碎制成腌料，将猪里脊腌制20分钟。

2. 将土豆放入冷水锅中煮熟，去皮后制成土豆泥，调入盐、白胡椒粉和少许黄油后保温备用。将胡萝卜改刀成细条，和芦笋尖一同焯水备用。

3. 给香梨去皮、去籽，切成薄片，用白葡萄酒煮至入味后备用。

4. 给腌好的猪里脊涂上黄芥末，将胡萝卜条包卷起来，用小竹签封口，用煎锅把表面煎上色至七分熟，一开二备用。

5. 将黄芥末涂抹于不锈钢碗底部，然后将碗底贴在餐盘中央，快速将碗向上拉，吸出一个网状花纹。

6. 先将土豆泥置于花纹的一边，接着将改刀后的肉卷置于土豆泥上，再将梨子片卷成喇叭形靠在肉卷的边上。

7. 将油浸樱桃番茄置于肉卷前，摆放胡萝卜条和芦笋尖，用西蓝花和樱桃萝卜片在盘面点缀好即可出餐。

◆ 拓展空间 ◆

可以用牛外脊肉或鸡脯肉来替换主料。

◆ 温馨提示 ◆

由于肉卷有余温，会发生后熟作用，所以在煎制加工时肉到七分熟即可。

46
热菜 米兰式炸羊排
Deep-fried Lamb Chops, Milanaise Style

◆ 知识要点 ▶

　　1. 羊排：人们习惯上按照分割后羊排上骨头的数目来划分羊排。最常见的是法式羊排 french rack（7 骨 /8 骨 /12 骨），或者是方切肩排（一般是最前面的 4 骨）。

　　2. 主要工具：有斩刀、分刀、钢盆、平底锅、沙拉汁锅等。

◆ 准备原料 ▶

主　　　料｜羊排 4 件，1 件约重 150 克
羊排用料｜鸡蛋 2 只作蛋液、面粉 100 克、面包糠 400 克
配　　　料｜火腿 1 片切丝、牛舌 1 片切丝、白菌 8 粒切丝
调 味 品｜胡椒粉 3 克、盐 4 克、番茄汁 2 匙、巴美仙芝士粉少许
用　　　油｜食用油 750 克、牛油 2 匙
配　　　食｜意大利粉 250 克

技能训练

1. 将羊排的肥肉及脂肪切去，撒胡椒粉、盐调味，用刀拍平。蘸干面粉、鸡蛋液及面包糠后再用刀拍平。

2. 在沸水内加少许盐，再将意大利粉放入沸水中煮熟取出，冲凉。

3. 用牛油起锅，放入火腿丝、牛舌丝、白菌丝翻炒数下，放入意大利粉及番茄汁炒热，保暖备用。

4. 在另一平底锅内用油将羊排炸熟。食用时将炒热的意大利粉放在大碟内，将炸好的吉列羊排放在粉上，再将巴美仙芝士粉撒在上面。

拓展空间

意大利菜

意大利人善于利用食材的自然风味来烹制美馔，所以，意式菜肴的特点是原汁原味，并以味浓著称。烹调注重炸、熏等，以炒、煎、炸、烩等见长。番茄汁、橄榄油、藏红花、奶酪等是意大利的特产，在意大利菜肴中经常会见到它们的身影。

意大利人特别喜爱面食，做法吃法甚多。各种形状、颜色、味道的面条至少有几十种，如字母形、贝壳形、实心面条、通心面条等。意大利人还喜食意式馄饨、意式饺子等。意大利传统面食比萨饼更是受到世界人民的喜爱。

在意大利，几乎所有的菜都要用到奶酪，其用途很广泛，而且牌号种类很多，著名的巴美仙奶酪（Parmesan Cheese）通常被磨成粉状，与实心粉及肉类同食。还有用碎牛肉做馅心、以大蒜调味制作的香肠，质硬形大，世界闻名，被叫做色拉米（Salami）香肠。

温馨提示

1. 羊排以羊羔仔为宜，肉质要嫩。

2. 要将羊排打去多余的肥脂，并修好成型。

3. 炸制时油温以180℃为宜。

4. 将意大利粉煮熟后一定要冲凉，以使口感爽滑。

5. 炒制意大利粉时，除配牛舌、火腿、白菌外，还可以根据个人喜好选择配料。

47
热菜 香草烤新西兰羊排
Grilled New Zealand lamb chops with Vanilla

◆ 知识要点 ▶

1. 新西兰羊排：新西兰羊排是带骨羊后胸部分第 5 根肋骨至第 12 根肋骨，和羊腩第 13 根肋骨至后腿根部的总称。在新西兰，带骨羊后胸部分和羊腩一般是整块分割下来，也有的是分开切割的，所以就有了俗称的整片羊排和断排之分。根据绵羊是否长出切齿，有羔羊（Lamb）和大羊（Mutton）之分，有时中间又分出一档，称之为青年羊。羔羊年龄一般在12 个月以下，无切齿，肉无膻味；青年羊在 1~2 年，2~4 个切齿，味略膻；大羊为 1 年或 2 年以上，味膻。

2. 主要工具：有烤箱、沙拉汁锅、铁板、炒勺、菜砧、分刀、不锈钢盆、餐碟等。

◆ 准备原料 ▶

主料 | 整羊排 200 克

腌料 | 鲜迷迭香 10 克、百里香 10 克、大蒜片适量、红酒 50 克、盐 5 克、白胡椒粉 3 克、橄榄油适量

配料 | 混合生菜 20 克、白菌 20 克、油浸小番茄 2 个、罗勒酱 20 克、有机鲜花瓣 3 克

◀ 技能训练 ▶

1. 将整羊排修整好，在肉脂上打上浅的十字刀纹，放鲜迷迭香、百里香、大蒜片、红酒、盐、白胡椒粉、橄榄油腌制 10 个小时。

2. 将整羊排放于铁板上煎上色，然后放入 200℃烤箱烤 10 分钟至所需要的成熟度。

3. 将整个白菌在铁板上煎熟，略上色。

4. 出餐时将羊排沿骨缝切开，依次叠好，搭在混合生菜上，边上配白菌、油浸小番茄、罗勒酱，用有机鲜花瓣装饰即可。

◀ 拓展空间 ▶

草饲羊和谷饲羊

草饲羊饲养并育肥在天然牧场上，含有大量人体必需又不能自动合成的脂肪酸和不饱和脂肪酸。谷饲羊则是用包括谷物、植物蛋白等饲料集中喂养的羊，一般在 100~600 天，脂肪在肉内分布均匀，有利于大理石脂肪花纹（雪花）的培育。草饲羊价格比较高。

◀ 温馨提示 ▶

1. 羊排配薄荷酱也是很好的选择。

2. 可根据季节和厨房备料随机选择配菜。

3. 为保证口感，加工羊排以不超过七成熟为宜。

4. 要降低成本和变换菜式，可用猪大排代替羊排，同时将罗勒酱换成西梅汁。

5. 将整块羊排腌制，烤出来的肉口感更软、更香，如果使用量不大，也可将羊排改刀成件，一片片煎制。

48

热菜 贝壳焗鲜虾
Baked Shrimps Served on Shells

◆ 知识要点 ◆

1. 法式菜的特点：

（1）选料广泛，用料新鲜，滋味鲜美，讲究色、香、味、形的配合，花式品种繁多。

（2）重用牛肉、蔬菜、禽类、海鲜和水果，特别是蜗牛、黑菌、蘑菇、芦笋、洋百合和龙虾。

（3）法国菜肴烧得比较生，喜用酒调味，菜和酒的搭配有严格规定。

2. 主要工具：主要有烤炉、烤盘、沙拉汁锅、漏勺、炒勺、蛤刀、分刀等。

◆ 准备原料 ◆

主　料｜鲜虾肉 180 克

腌　料｜柠檬半个（挤柠檬汁用）、胡椒粉 3 克

配　料｜白蘑菇 100 克、土豆 100 克、白面包糠 50 克、

浓厚的白忌廉汁 250 克

调味品 | 鸡粉 3 克、盐 3 克、胡椒粉 3 克、番芫荽 5 克

用　油 | 牛油 50 克

盛　器 | 洗刷干净的扇贝壳 2 个

◆ 技能训练 ◆

1. 将鲜虾肉洗净后用柠檬汁、胡椒粉腌制，焯至半生后立刻取出，滤干水分后备用。

2. 将白蘑菇切成指甲片大小，将番芫荽剁碎，备用。

3. 将土豆削成橄榄状后，投入冷水中煮熟，再用牛油焗透。

4. 将鸡粉、白蘑菇片、牛油放在白忌廉汁内煮沸，加胡椒粉及盐调味拌匀后离火，再加入半熟的虾肉，拌匀。

5. 将虾肉连汁放在扇贝壳内，撒上面包糠，放入焗炉内焗 15 分钟。

6. 取出半成品，趁热撒上剁碎的芫荽，再入炉焗 1 分钟。

7. 将焗熟的贝壳摆放在碟中，将土豆榄放在旁边即可。

◆ 温馨提示 ◆

1. 虾要新鲜且要去掉虾肠。

2. 为了去掉海腥味，可用柠檬汁、胡椒粉腌制虾肉。

3. 不宜太早放入芫荽，否则会影响色泽。

4. 烹制时动作要迅速，以保持虾肉鲜嫩。

49
热菜 烤鲜鱼配菠菜核桃汁
Roasted Fresh Fish with Spinach and Walnut Juice

◆ 知识要点 ◆

1. 核桃：核桃果肉中含有 7.8%~9.6% 的蛋白质，氨基酸含量高达 25%。其含有 22 种矿物元素，其中对人体有重要作用的钙、镁、磷及锌、

铁含量十分丰富，有很高的营养价值。

2.主要工具：有烤箱、沙拉汁锅、煎锅、分刀、多功能搅拌机、圆盘等。

◀ 准备原料 ▶

主　　料｜鲜鱼肉300克、菠菜150克、核桃碎50克
腌　　料｜柠檬1个（挤汁用）、迷迭香适量
配　　料｜土豆250克、红樱桃番茄20克、黄樱桃番茄20克、洋葱100克、淡奶油适量
调味品｜盐适量、白胡椒粉适量
用　　油｜黄油适量
装　　饰｜迷迭香1枝

◀ 技能训练 ▶

1.将菠菜洗干净去梗，叶子氽水冷却，加入淡奶油、核桃碎，用搅拌机打成菠菜核桃汁。

2.将鲜鱼去鳞去骨，得净肉，加入盐、白胡椒粉、柠檬汁、迷迭香腌味。

3.将土豆洗净，调入盐、白胡椒粉抹匀；用锡纸包好土豆，放入160℃烤箱内烤熟。将土豆去皮，用勺背压成泥，拌入黄油，保温备用。

4.将红、黄樱桃番茄用油轻炸，轻煎洋葱，作为搭配用的配菜。

5.用煎锅将鱼煎上色，用烤箱烤（面火200℃、底火180℃）7分钟左右。

6.给盛菜碟边用菠菜核桃汁勾画好线条，碟中堆上土豆泥，将鱼肉搭于土豆泥上，主料边上放配菜。用新鲜迷迭香做装饰即可。

◀ 拓展空间 ▶

可用三文鱼、石斑鱼、鳕鱼代替操作中的主料。

◀ 温馨提示 ▶

考虑到成本的问题，练习时，可将本菜例中的鲜鱼肉替换为鲜鲈鱼肉。

50
热菜 橙汁扒鸭脯
Grilled Duck Breast in Mandarin Orange

◀ 知识要点 ▶

1.鸭肉：鸭肉中的脂肪酸熔点低，易于消化。所含 B 族维生素和维生素 E 较其他肉类多，能有效抵抗脚气病、神经炎和多种炎症，还能抗衰老。鸭肉中含有较为丰富的烟酸，它是构成人体内两种重要辅酶的成分之一，对心肌梗死等心脏疾病患者有保护作用。西餐烹饪中有分解好的单件鸭脯肉供应。

2.主要工具：主要有煎盘、分刀、炒勺、沙拉汁锅等。

◀ 准备原料 ▶

主　料｜鸭脯 300 克

配　料｜鲜橙 1 个、柠檬 1 个

腌　料｜胡萝卜 10 克、洋葱 10 克、芹菜 10 克、鲜橙 1 个

调味品｜白糖 50 克、橘子酒 5 克

配　食｜黄油米饭 100 克

味　汁｜布朗汁 50 克、浓缩橙汁 10 毫升

◆ 技能训练 ◆

1. 将鸭脯用胡萝卜、洋葱、芹菜、鲜橙、柠檬腌制 4 小时。
2. 将鲜橙皮、柠檬皮去除白肉后,切成细丝,用清水浸泡去味。
3. 把腌制好的鸭脯先用 180℃扒炉扒制 2 分钟至表面上色。
4. 把白糖炒化,呈焦黄色,放入橙皮丝、柠檬丝。
5. 再放入布朗汁、浓缩橙汁、鲜橙和橘子酒,最后放入鸭脯。
6. 用小火烩制鸭脯约 40 分钟。
7. 将汁垫入盘底,将鸭脯切成四片放入盘中。
8. 滤出橙皮丝、柠檬皮丝撒放在鸭脯上作装饰。
9. 配上黄油米饭即可。

◆ 拓展空间 ◆

利用糖色给菜品增色

在制作橙汁鸭脯这一菜品时,为了使鸭脯呈现棕红色的效果,我们可选用一个干净的沙拉汁锅,加入白糖小火慢炒,在颗粒状的白糖变成糖液后,注意观察糖液的颜色,糖液至金黄色即可。由于糖液温度很高,加入水时会产生大量的热气,注意防止烫伤。糖液中滚起大量的气泡并能闻到焦糖味时,行话称为糖"焦了",这时的糖液会影响菜品质量,要重新制作。

◆ 温馨提示 ◆

1. 要事先用杂菜腌制鸭子。
2. 炒糖色时要用小火，以免糖起泡有焦味。
3. 鲜橙汁味淡，加入浓缩橙汁可以增加橙汁的风味。
4. 烩制的鸭脯胶质较多，要不断搅底，以免煳底，产生焦味。
5. 以选择瘦型鸭脯为宜，以免油腻，影响口感。
6. 放入布朗汁时会产生大量热气，要注意安全，以免被烫伤。

51

热菜 烤鸡
Baked Chicken

◆ 知识要点 ◆

1. 火鸡：即吐绶鸡（Turkey），原产于北美洲东部和中美洲，本为野生，现已驯化为肉用家禽。其体形大，生长迅速，抗病性强，瘦肉率高而受人瞩目，可与肉用鸡媲美，被誉为"造肉机器"。其蛋白质含量高，脂肪和胆固醇含量低，是西方感恩节、圣诞节餐桌上必不可少的传统佳肴。

2. 主要工具：主要有分刀、烤箱、烤盘、沙拉汁锅等。

◆ 准备原料 ◆

主料 | 鸡 1 只约 1500 克

腌料 | 芹菜 5 克、胡萝卜 10 克、洋葱 5 克、大蒜末 50 克、白胡椒粉 5 克、麝香草 2 克、匈牙利灯椒粉 10 克、食用油 50 克、香叶 3 片、面粉 30 克、食盐 7 克

◆ 技能训练 ◆

1. 将芹菜、胡萝卜、洋葱切丝后用盐逼出蔬菜水。
2. 用小火煸炒大蒜末、白胡椒粉、麝香草出香味，加入剩余的腌制料。
3. 将鸡均匀裹上腌制料和蔬菜水后，将芹菜、胡萝卜、洋葱丝塞入鸡的腹腔中。
4. 将鸡捆扎成形。
5. 在烤盘上铺上锡纸，再刷上油，将鸡腹朝上放入烤盘中。
6. 将烤盘放入底火 190℃、面火 210℃的炉中烤制约 3 个小时即可。

◆ 拓展空间 ◆

圣诞节

对传统的基督徒来说，圣诞节就是为了庆祝耶稣的诞生。他们会在圣诞节的早上去做圣诞礼拜，以纪念耶稣。不过，一般人已把它看成是一种大众化的民俗活动，是一个大家彼此分享对于家人、朋友甚至他人的爱与关怀的日子。它也象征着人们对于仁爱、喜乐、和平、忍耐、感恩、慈善、温柔以及节制的期望。

圣诞节似乎应该在皑皑白雪中度过，但有趣的是，对住在南半球的人们，例如大洋洲或南美洲的人们而言，圣诞节可是夏日的节庆！

过圣诞节时，家家户户会布置圣诞树，在袜子中塞满礼物，吃以火鸡为主的圣诞大菜，并举行家庭舞会。

◆ 温馨提示 ◆

1. 腌制火鸡的时间要根据原料的大小而定，一般不少于半天。
2. 灵活掌握火候，使鸡表皮上色；烤制时适时翻面，并刷油。
3. 腌制前要将大蒜末等配料用小火煸炒出香味。

52
热菜 红酒烩鸡
Braised Chicken in Red Wine

◆ 知识要点 ▶

1. 烩：是指将切成小件的肉类，先用油爆黄，然后连同蔬菜及调味品和黄肉汁放在有盖的煲内，用慢火徐徐加热成熟的一种烹饪方法。

2. 主要工具：主要有平底煎锅、沙拉汁锅、菜砧、分刀等。

◆ 准备原料 ▶

主　料｜光鸡半只

配　料｜红葡萄酒 20 克、洋葱 1/4 个、洋葱末 20 克、黄灯笼椒和红灯笼椒各半个、意大利粉 100 克

调味品｜盐 5 克、胡椒粉 3 克

味　汁｜布朗汁 500 克

用　油｜黄油 200 克，牛油 200 克

第二篇　西餐制作 ｜ 115

◀ 技能训练 ▶

1. 将鸡斩块后用盐和胡椒粉腌制，把洋葱和灯笼椒切成指甲片大小，备用。

2. 用大火将锅烧热后放油，升温至180℃。将鸡放入锅内煎制1.5~2分钟，使表皮快速上色。

3. 另取一口锅，用黄油把洋葱煸香，把红葡萄酒倒入锅内煮去酒味。

4. 加入布朗汁和煎好的鸡，用小火烩透至汁浓。

5. 将鸡盛于碟中。将红酒汁煮浓淋于鸡块上。

6. 将蔬菜用牛油炒后置于鸡块上，配上黄油炒意大利粉即可。

◀ 拓展空间 ▶

根据季节和原料特性，我们还可选用鹌鹑或者兔肉让食客有更多选择。

◀ 温馨提示 ▶

1. 将鸡斩件动作要利落，鸡块大小要均匀。

2. 选料有讲究，鸡脯肉纤维较多，肉质较嫩，不适于烩制，一般用鸡后腿肉来烩制。

3. 烩制时，汁不宜太多，刚好没过原料为宜。

4. 灯笼椒略炒后即可。

53
热菜 土耳其风味鸡肉卷
Turkey Chicken Rolls

◀ 知识要点 ▶

1. 土耳其菜肴：土耳其菜肴的特点在于肉类和奶制品的自然风味突出，讲究原汁原味。肉卷是土耳其人最喜爱的美食之一，这款美食能充分挑动你的味蕾。

2. 主要用具：有分刀、菜砧、沙拉汁锅、煎锅、不锈钢盆、炒勺、擀面杖、黑色圆碟、裱花袋。

◀ 准备原料 ▶

主　　料｜鸡腿 150 克

腌　　料｜卡真粉 50 克、盐 3 克、胡椒粉 2 克、鸡粉 5 克、红椒粉 5 克、孜然粉 5 克、白兰地 10 毫升、菜油 100 克

面　　饼｜中筋粉 100 克、黄油 50 克、水 50 克、盐 3 克

配　　料｜培根 50 克、茄子 50 克、番茄 50 克、生菜 20 克、甜红椒 20 克、甜青椒 20 克、洋葱 20 克、红叶生菜 5 克、细菊生菜 5 克

调味品｜蒜片 10 克、马乃司沙拉汁 50 克、番茄酱 100 克

◀ 技能训练 ▶

1. 将鸡腿划开一个口子，取出骨头。将得到的净鸡肉放入不锈钢盆中用卡真粉、盐、胡椒粉、鸡粉、红椒粉、孜然粉、白兰地、菜油腌制 10 分钟。用煎锅把鸡肉两面煎成金黄色至熟透后切成条状备用。

2. 在面粉中加入水、盐搅匀和成面团。将面团静置 20 分钟左右，待其松弛后擀成面饼，抹上黄油后卷成条状压成团，再擀成面饼。反复 3 次后将擀成的面饼在煎锅中将两面煎香。

3. 将各种蔬菜洗净，茄子切成 1.5 厘米宽、10 厘米长的条状，红椒、青椒去籽切成条状，洋葱切成条状。

4. 往锅中倒入菜油，将蒜片煸出味后，将茄子、青椒、红椒、洋葱依次放入锅中翻炒，用盐、鸡粉、红椒粉、胡椒粉、孜然粉调味后，炒至蔬菜断生，出锅备用。

5. 将番茄切片，培根两面煎香呈整片状待用。

6. 在盘中放入煎好的面饼，抹上番茄酱，放上两片生菜、三片番茄、一片培根及鸡肉条和炒好的蔬菜，撒上卡真粉。

7. 用面饼包卷原料后呈长条状，用刀横切，将饼从中部一分为二放入盘中；卷条一截直立、一截横放，置于出餐碟的中央；红叶生菜包裹细菊生菜放置于饼旁。

8. 将马乃司沙拉汁装入裱花袋中，袋口用刀开一个小口，挤出若干由大变小的圆点，围于主料边，装饰好即可出餐。

拓展空间

细菊生菜

细菊生菜叶面皱缩，植株高 15~20 厘米，食用纤维多，故被称为减肥菜。其营养丰富，风味佳，可生食、炒食或作西餐沙拉。

卡真粉

卡真粉是一种非常百搭的调料，其味清淡，适合各种肉类、鱼、家禽和蔬菜的调味。成分为细盐、黑胡椒粉、洋葱粉、蒜粉、辣椒粉、干迷迭香、干百里香、干九层塔、干香叶、干丁香粉等。

温馨提示

1. 在将鸡肉和其他原料包卷时一定要压紧，避免改刀后散开。

2. 面团含水量高的，松弛时间短些；面团含水量低的，松弛时间则长些。

3. 煎饼时准确掌握用油量，油少，则上色不均匀；油多，则面皮吸油，影响口感。

4. 面皮要香酥、色泽要金黄，需灵活掌控火候。

54
热菜 烤鸡胸配意大利米饭跟蘑菇汁
Roasted Chicken Breast with Italian Rice and Mushroom juice

◀ 知识要点 ▶

1. 意大利菜的特点：意大利菜被称为西菜始祖，讲究原汁原味，口味浓香，浓汁菜肴较多，面食更是多种多样。

2. 主要工具：有焖锅、沙拉汁锅、煎盘、炒勺、菜砧、分刀、不锈钢盆、餐碟等。

◀ 准备原料 ▶

主　　料｜鸡胸肉200克、意大利米100克

配　　料｜汤底适量、油浸樱桃番茄2粒、荷兰豆15克

调味品｜干葱末适量、盐3克、黑胡椒粉3克、红酒30毫升、罗勒酱5克

味　　汁｜布朗汁100毫升、蘑菇适量

用　　油｜橄榄油100毫升、黄油适量

技能训练

1. 将意大利米在焖锅中用黄油、干葱末略炒，分三次加入其 3 倍量的汤底，每次等汤底收干再加。最后加少许盐拌匀调味，小火收干米汤，入烤炉加盖焖至八分熟，保温备用。

2. 将鸡胸肉去皮，放盐、黑胡椒粉和红酒提前半小时腌制。放入煎锅中用橄榄油煎上色，再放入 200℃烤箱烤至八分熟备用。

3. 将蘑菇切成小丁用黄油炒透，加入红酒、布朗汁收浓，放入盐调味，制成蘑菇汁。

4. 出餐时，碟中央放烤熟的鸡胸脯，用汤勺将米饭压成橄榄形放在鸡肉边，旁边放油浸樱桃番茄，淋上蘑菇汁及罗勒酱，用煮熟的开边荷兰豆点缀即可。

拓展空间

意大利米

意大利是欧洲最大的稻米产地，堪称欧洲的"鱼米之乡"。

意大利稻米种类繁多，当地人根据米粒长度对其进行了严格区分，其标准为：Comune 级，米粒长度小于 5.2 毫米；Semifino 级，米粒长度为 5.2~6.4 毫米；Fino、Superfino 级，米粒长度超过 6.4 毫米。

意大利稻米体型较长大，淀粉含量较高，因其能有效锁住水分，久煮不烂，能保持米的原始形状，故常被用来制作成嚼劲十足的意大利调味饭（Risotto），其中最经典的就是 Carnoroli（卡纳罗利）。这种米含有非常多的直链淀粉，质地坚实，经久耐煮，有"米中之王"的美誉，常被用来制作经典的番红花烩饭。

温馨提示

1. 意大利米饭不像我们中国的米饭，有点夹生的感觉。
2. 制作意大利米饭时可提前浸泡一下。这种米不用淘洗。
3. 做意大利炖饭，如原料有限，也可选择颗大色白的东北米。
4. 下黄油烹制菜肴时，锅不要烧得太热，否则黄油会变煳变黑。

55
热菜 渔夫式茄子塔
Baked Eggplant Tower

◆ 知识要点 ◆

1. 茄子：茄子含有维生素 E，有防止出血和抗衰老功能，常吃茄子，可使血液中的胆固醇水平保持正常值，对延缓人体衰老具有积极的意义。经常吃茄子，有预防高血压及促进伤口愈合等作用。

2. 主要工具：有多功能搅拌机、沙拉汁锅、煎盘、炒勺、菜砧、分刀、不锈钢盆、餐碟等。

◆ 准备原料 ◆

主　料 | 三文鱼 50 克、金枪鱼 50 克、圆茄子 100 克、胡萝卜 100 克、菠菜 150 克

配　料 | 鸡蛋 2 个（做蛋液）、面粉 50 克

调味品 | 盐 5 克、白胡椒粉 5 克、大蒜蓉 10 克、奶酪屑少许

味　汁 | 番茄汁 100 克

用　油 | 橄榄油 150 毫升

◆ 技能训练 ◆

1. 将胡萝卜去皮切成小块，加水煮透，放入奶油，用搅拌机打成细泥备用；将菠菜去梗留叶焯水后凉透，放入奶油，用搅拌机打成细泥备用。

2. 将茄子改刀成四片厚片，泡水后两面撒上少许盐和白胡椒粉，裹上面粉后拖鸡蛋液，放在煎锅里煎上色。

3. 将三片煎好的茄片在备餐盘中排开，先浇上一层番茄汁，分别放上煎过的三文鱼片、金枪鱼片以及用蒜泥炒过的菠菜泥。

4. 将铺料的茄子按底层三文鱼、中层菠菜、上层金枪鱼的顺序叠成宝塔状，最后用一片煎好的光茄片盖面，做成茄子塔。

5. 在茄子塔上再次淋上番茄汁，撒上奶酪屑，放入180℃的烤箱烤2分钟至奶酪熔化。

6. 成品装盘，置于碟中央，旁边用汤勺舀上胡萝卜泥及菠菜泥点缀即可。

◀ 拓展空间 ▶

鱼子酱（Caviar）

鱼子酱，又称鱼籽酱，在波斯语中意为鱼卵，严格来说，只有鲟鱼卵才可称为鱼子酱，其中以产于伊朗和俄罗斯接壤的里海的鱼子酱质量最佳。并非所有鲟鱼卵都可制成鱼子酱，世界范围内共有超过20种的鲟鱼，其中只有Beluga（白鲟）、Ossietra（奥西特拉鲟）及Sevruga（闪光鲟）三个品种的鱼卵能制成鱼子酱。最高级的Beluga，一年产量不到一百尾，而且要超过六十岁的Beluga所产的鱼卵才可制成鱼子酱。

◀ 温馨提示 ▶

1. 在制作胡萝卜泥时要去掉胡萝卜芯。

2. 将茄子切片后泡水，可以防止变色，方便入味。

3. 在制备茄汁时，加入少许蒜泥可以增加风味。

4. 如要变化菜式，降低菜肴成本，可将茄子片中的夹馅换成意大利烩时蔬，其他不变。

56 热菜 红咖喱海鲜配米饭
Red Curry Seafood with Rice

◆ 知识要点 ◆

1. 各类咖喱的口味特点：红咖喱是东南亚一带人最常食用的咖喱，味道较辣，口味较重；绿咖喱中由于加入了芫荽和青柠檬皮等材料，口味偏酸，略带辣味，更加鲜美不刺激；黄咖喱口味比较温和百搭。咖喱常见于印度和泰国菜式中，一般和米饭搭配。

2. 主要用具：有分刀、菜砧、沙拉汁锅、细筛、炒勺、14寸主菜圆碟。

◆ 准备原料 ◆

2人量

主　料	海虾4只、鲜鱿鱼150克、蛏子6只、蛤蜊6只、米饭100克
配　料	大青椒20克、大红椒20克、洋葱20克、土豆100克、菠萝块20克
调味品	咖喱汁200克、食盐5克、糖3克、蒜片5克、姜片5克、红油50克、鸡粉3克、椰浆20克
用　油	菜油50克

◆ 技能训练 ◆

1. 将海虾去壳、去肠、去虾线，放入沸水中煮熟；将鲜鱿鱼从腹部切开，取出头部和内脏，在鱿鱼内侧剞上花刀，改小块投入沸水中煮熟；将蛏子和蛤蜊倒入沸水中煮至开口，马上捞出，待用。

2. 将青、红辣椒洗净开半去籽，切成菱形片，将洋葱去皮切片。

3. 将土豆洗净去皮切滚刀块，煮熟后油炸至表面金黄，待用。

4. 锅中放油，放入蒜片煸香，加入青、红椒片，洋葱翻炒，放少许盐，调匀后倒入漏勺中待用。

5. 另起锅，烧透，滑油，放入姜片及全部海鲜，翻炒，和入土豆与菠萝块，稍后加入咖喱汁、盐、糖、红油和鸡粉调味，待其酱汁稠浓后加入椰浆搅拌，和入先前处理好的青、红椒片及洋葱片。

6. 将米饭扣入碟中，再将煮好的咖喱海鲜盛入碟中，略作装饰即可。

◀ 拓展空间 ▶

咖喱汁还可用于烹调多种肉类，比如牛肉、鸡肉等。

◀ 温馨提示 ▶

1. 在收汁时，不可收干，多留酱汁拌饭，口味极佳。
2. 烹饪海鲜的时间不宜过长，煮久后会失去营养，口感也会不佳。

57
热菜 地中海风味螺纹粉
Baked Fusilli in Tomato, Mediterranean Style

◀ 知识要点 ▶

1. 意大利粉：意大利粉的种类很多，一般都是选用淀粉质丰富的粮食经粉碎、胶化、加味、挤压、烘干而制成各种各样口感良好、风味独特的面类食品。

2.主要工具：有多功能搅拌机、沙拉汁锅、煎盘、炒勺、蛋抽、菜砧、分刀、不锈钢盆、餐碟等。

◀ 准备原料 ▶

主　　料 ｜ 螺纹粉（意大利）50克、特大番茄1个
茄汁料 ｜ 大番茄3个、橄榄油少许、干葱末适量、番茄酱5克、汤底少许
配　　料 ｜ 干葱25克、黑橄榄20克、水瓜柳20克、青红椒末50克
调味品 ｜ 盐3克、胡椒粉2克、奶酪5克
用　　油 ｜ 橄榄油20毫升

◀ 技能训练 ▶

1.将番茄开十字刀，放入沸水中煮2分钟，去皮、籽，取果肉用搅拌机打成泥。

2.锅中淋少许橄榄油，下少许干葱末煸出香味后和入番茄酱炒制出红油。加入制得的番茄泥，加少许汤底制成茄汁。

3.将特大番茄放入沸水中去皮后在上面平切一个口，去籽去芯，切片留用。

4.将螺纹粉放入沸水锅中煮约12分钟至煮透后，捞出过冷水，置凉后备用。

5.将干葱、橄榄、黑水瓜柳、青红甜椒末用橄榄油炒香，放入茄汁，略烧后加入熟螺纹粉拌匀至热，调味。

6. 将炒好的螺纹粉装入备好的番茄中，表面撒少许奶酪，放入 150℃ 烤箱焗 5 分钟热透至奶酪熔化即可。

拓展空间

地中海式饮食

地中海式饮食是以自然的营养物质为基础，包括橄榄油、蔬菜、水果、鱼、海鲜、豆类等，加上适量的红酒和大蒜，再辅以独特调料的烹饪方式。其主体是由法国菜式、意大利菜式、西班牙菜式和希腊菜式构成。主要特点就是简单、清淡以及富含营养。有这种饮食习惯的人心脏病的发病率很低，普遍寿命长，且很少患糖尿病、高胆固醇等现代病。

温馨提示

1. 番茄要选用个大熟透的。

2. 如果没有干葱，可用大蒜代替。

3. 如何鉴别螺纹粉是否煮透：煮透的面能很容易被截断，面中心没有白心。

4. 如要变化菜式，可将番茄当中酿的空心粉用甜玉米粒代替，入炉焗制时表面还可撒上一些奶酪屑，以增加风味。

模块 6
甜点

58 英式黄桃布丁
Yellow Peach Pudding, English Style

知识要点

1. 布丁：布丁是英文 Pudding 的音译，广州、香港等地习惯译为"布甸"。布丁一般是用鸡蛋、牛奶、糖及各种水果、干果调匀、烤制而成的点心。

2. 主要工具：有不锈钢盆、蛋抽、沙拉汁锅、模具、冰箱、量杯、小秤等。

准备原料

主　　料 | 黄桃 2 个
食材 1 用料 | 牛奶 1000 毫升、糖 190 克、盐 1 克
食材 2 用料 | 玉米淀粉 125 克、冷牛奶 250 毫升

技能训练

1. 将牛奶、糖和盐放入锅中加热煮至微滚。
2. 将玉米淀粉和冷牛奶搅打至均匀。
3. 将食材 1 溶液慢慢地倒入食材 2 的材料中，搅拌均匀。
4. 用小火加热，继续搅拌至黏稠，中心沸腾。
5. 离火，加入调味料黄桃。

6. 将上述食材倒入半杯型模具中，冷却后放入冰箱中冷藏。

7. 食用前，从模具中取出。

◆ 拓展空间 ◆

根据个人喜好还可制作鸡蛋布丁、杧果布丁、鲜奶布丁、巧克力布丁、草莓布丁等。

◆ 温馨提示 ◆

1. 牛奶不能久煮，否则营养会流失。

2. 糖味不能太甜。

3. 搅拌玉米淀粉要均匀且迅速，要用小火，否则易焦底。

4. 配料除黄桃外，还可依个人口味选用其他时令水果。

59
布丁 蒸蓝莓布丁
Steamed Blueberry Pudding

◆ 知识要点 ◆

1. 蒸：是指把经过调味后的食品原料放在器皿中，再置入蒸笼中，利用蒸汽使其成熟。

2. 主要工具：有粉筛、胶刮、钢盆、布丁模、烤盘、烤箱、量杯、小秤等。

◆ 准备原料 ▶

主　　料 | 蓝莓 125 克、牛奶 125 克
糖液配料 | 红糖 150 克、黄油 60 克、盐 0.5 毫升、肉桂 4 毫升、鸡蛋 60 克
干性配料 | 面包粉 30 克、烘焙粉 6 克、干面包碎 150 克

◆ 技能训练 ▶

1. 将红糖、黄油、盐和肉桂一起乳化，分次适量加入鸡蛋，制成糖液。
2. 将面包粉和烘焙粉一起过筛，再加入面包碎，制成干性配料。
3. 将干性配料与牛奶交替加入糖液中，慢慢地加入蓝莓，制成面糊。
4. 将面糊注入已涂抹油脂的布丁模具中至 2/3 满，严密封口，用大火蒸 1.5~2 小时。
5. 将其从模具中取出，趁热食用。

◆ 拓展空间 ▶

蓝莓

蓝莓的名称来源于英文 blueberry，意为"蓝色的浆果"，原产于美国，又被称为美国蓝莓。蓝莓果实平均重 0.5~2.5 克，最大重 5 克，果实色泽美丽、悦目，为蓝色并披 1 层白色果粉，果肉细腻，种子极小，可食率为 100%。其甜酸适口，且具有香爽宜人的香气，为鲜食佳品。

蓝莓果实中除了常规的糖、酸和维生素外，还富含熊果苷、蛋白质、花青苷、食用纤维以及丰富的矿物质。它不仅具有良好的营养保健作用，还具有增强人体免疫的功能。

温馨提示

1. 制作面糊的面粉一定要过筛，要多次少量徐徐加入，以免产生颗粒。
2. 要将糖、黄油、鸡蛋充分乳化，呈膨松状。
3. 要将面糊搅拌至光滑、无颗粒。
4. 不能将模具装得太满，以免蒸制时涨发出来，影响成型。
5. 要根据模具大小来调控蒸制的时间。

思政教学资源

服务也需要创新意识

结合习近平总书记在中国共产党第二十次全国代表大会上的报告内容，说明"服务也需要有创新意识"的重要性。

习近平总书记指出：我国的"基础研究和原始创新不断加强，一些关键核心技术实现突破，战略性新兴产业发展壮大，载人航天、探月探火、深海深地探测、超级计算机、卫星导航、量子信息、核电技术、新能源技术、大飞机制造、生物医药等取得重大成果，进入创新型国家行列。"结合中国目前部分领域科技发展现状与国际最先进水平之间存在的差距，指引学生正确认识这种差距并将其转化为奋发图强、为实现中华民族伟大复兴而努力学习的动力。同时，通过介绍中国的战略性新兴产业，以及北京 2022 年冬奥会上的"黑科技"等，增强学生的民族自信心。

60
慕斯 巧克力慕斯
Chocolate Mouse

◆ 知识要点 ▶

1. 慕斯：慕斯是英文 Mousse 的译音，它与布丁一样属于甜点的一种，其性质较布丁更柔软，入口即化。

2. 常用工具：有小打蛋机、不锈钢盆、胶刮、香槟酒杯、勺子、小碗等。

◆ 准备原料 ▶

巧克力液用料 | 苦甜巧克力 300 克、水 75 克
其 他 用 料 | 蛋黄 90 克、利口酒 30 克、蛋白 135 克、糖 60 克、高脂奶油 250 毫升

◆ 技能训练 ▶

1. 将巧克力放入水中，用低火加热至熔化，搅拌至光滑。然后打入蛋

黄，用低火煮 2 分钟左右，不停搅拌，直到变浓稠，即成巧克力液。

2. 离火，倒入利口酒或其他酒，稍搅拌后冷却。

3. 在蛋白里加入糖，打发变硬化成蛋白糖霜。将其拌入巧克力液中。

4. 搅打奶油至发泡，将其拌入巧克力液中。

5. 将慕斯倒入香槟酒杯中，冷藏数小时后食用。

◀ 拓展空间 ▶

巧克力的种类

根据巧克力制造过程中加入原料和颜色的不同，大体可将巧克力分为以下几种：

1. 黑巧克力（Dark Chocolate）：黑巧克力即增加了增甜剂和可可脂的可可浆。黑巧克力在点心加工中用途最广，可用作巧克力夹心、淋面、挤字、各种装饰、各种脱模造型、蛋糕坯子以及巧克力面包和巧克力饼干等的制作中。

2. 牛奶巧克力（Milk Chocolate）：牛奶巧克力原料包括可可制品（可可液块、可可粉、可可脂）、乳制品、糖粉、香料和表面活性剂等。牛奶巧克力用途很广泛，可以用作蛋糕夹心、淋面、挤字或脱模造型等。

3. 白巧克力（White Chocolate）：白巧克力所含成分与牛奶巧克力基本相同，它包括糖、可可脂、固体牛奶和香料，不含可可粉，所以呈现白色。这种巧克力仅有可可的香味，口感和一般巧克力不同，而且乳制品和糖粉的含量相对较大，甜度较高。白巧克力大多用作糖衣，也可用于挤字、做馅及蛋糕装饰。

◀ 温馨提示 ▶

1. 要将巧克力削成小块，隔水加热。

2. 打发蛋白时不能打得太老，成细腻状即可。

3. 拌制奶油和蛋白时手法要轻，否则空气外泄会影响涨发度。

61
香蕉慕斯
Banana Mousse

◆ 知识要点 ◆

1. 香蕉：香蕉香甜味美，富含碳水化合物。据分析，每 100 克香蕉果肉中含碳水化合物 20 克、蛋白质 1.23 克、脂肪 0.66 克、粗纤维 0.9 克、无机盐 0.7 克，水分 70％。香蕉里还含有维生素 A（胡萝卜素）、维生素 B_1、维生素 B_2、维生素 C 以及维生素 U 等多种维生素。此外，香蕉里还有人体所需要的钙、磷和铁等矿物质。

2. 主要工具：有小打蛋机、不锈钢盆、胶刮、香槟酒杯、勺子、小碗沙拉汁锅等。

◆ 准备原料 ◆

主料｜香蕉泥

配料｜柠檬汁 25 克、糖 35 克、白朗姆酒 25 克、奶油 420 克

辅料｜明胶 8 克

◆ 技能训练 ◆

1. 用冷水软化明胶。

2. 将 1/3 香蕉泥加热至 60℃，加入明胶搅拌至糊状。

3. 加入柠檬汁和糖，搅拌至糖完全溶化。

4. 放入剩余的香蕉泥，再拌入白朗姆酒冷却至 25℃。

5. 将奶油打发后拌入香蕉泥中。

6. 将加工好的香蕉泥倒入香槟酒杯中，冷藏成型。

◀ 拓展空间 ▶

慕斯蛋糕

慕斯蛋糕最早出现在美食之都法国巴黎,最初,大师们在奶油中加入了起稳定作用和改善结构、口感和风味各异的各种辅料,使之外形、色泽、结构、口味变化丰富,更加自然纯正,冷冻后食用其味无穷,成为蛋糕中的极品。它的出现符合人们追求精致时尚、崇尚自然健康的生活理念,满足人们不断对蛋糕提出的新要求。慕斯蛋糕也给大师们提供了一个更大的创造空间,大师们通过慕斯蛋糕的制作展示其生活悟性和艺术灵感。在世界西点世界杯上,慕斯蛋糕的比赛竞争历来十分激烈,其水准反映出大师们的真正功力和世界蛋糕发展的趋势。

慕斯蛋糕用明胶凝结乳酪及鲜奶油而成,不必烘烤即可食用,是现今高级蛋糕的代表。

◀ 温馨提示 ▶

1. 香蕉剥皮后要加少许柠檬汁和糖,一来可防止变色,二来能增加甜味。

2. 可用糖粉代替白糖。

3. 拌制奶油时手法要轻,否则空气外泄会影响涨发度。

4. 加入明胶时要掌握好水量,水太多,则慕斯太稀;水太少,则口感发硬。

5. 在明胶中加入打发奶油时温度不能太高,以免使奶油化掉。

62 冻子 香橙扒菲
Orange Parfait

◀ 知识要点 ▶

1. 冻子：冻子是用凝结剂、可可、奶油以及各种水果、干果等原料制成的甜食。

2. 主要工具：制作冻子类食品的主要工具有小打蛋机、蛋抽、胶刮、不锈钢盆、沙拉汁锅、勺子、模具、保鲜膜、裱花袋、裱花嘴等。

◀ 准备原料 ▶

主料 | 奶油 500 克、鲜橙 1 个、浓缩橙汁 20 克
配料 | 水 100 克、罗拨臣鱼胶粉 10 克、白糖 50 克、巧克力 200 克、鲜奶 50 克

◀ 技能训练 ▶

1. 盆中放入奶油，用蛋抽顺一个方向由慢到快搅打至光滑、细腻、膨松，备用。

2. 将不锈钢锅洗净，加入水、鱼胶粉及糖，加热溶化，并降温至 30℃ 左右。

3. 在打发的奶油中逐渐加入浓缩橙汁、鱼胶溶液，搅拌均匀，备用。

4. 将四方盒底及四边分别包上保鲜膜，将奶油抹入四方盒后立刻放入速冻柜中急冻，备用。

5. 将巧克力用刀削成小丁，装入碗中置于温水面上，用热奶调剂浓度，搅匀呈液体状，装入裱花袋备用。

6. 在甜品碟上挤上巧克力条纹，摆上鲜橙片作装饰。

7. 将方盒内的半成品扣出，改刀成 3 厘米厚的块状，放于碟上即可。

◀ 拓展空间 ▶

鱼胶粉

鱼胶粉，英文名称 Gelatine，又称吉利丁粉，是提取自动物的一种蛋白质凝胶。鱼胶粉的用途非常广泛，不但可以自制果冻，更是制作慕斯蛋糕等各种甜点不可缺少的原料。它是纯蛋白质，不含淀粉，不含脂肪，不但是低热量的健康低卡食品，还可以补充胶原蛋白，在享受美味的同时更可以留住美丽。

◀ 温馨提示 ▶

1. 打奶油的容器要干净、无油、无水。

2. 打奶油时，沿同一方向搅打至细腻、膨松，久打会使奶油孔大、变老。

3. 先用冷水调匀鱼胶，以使其无颗粒，再用小火慢慢加热。

4. 要控制好鱼胶与水的比例，通常为 1∶10。

模块 7
意大利面食

63
海鲜比萨饼
Seafood Pizza

知识要点

1. 比萨饼（Pizza）：比萨饼是一种由特殊的饼底、乳酪、酱汁和馅料做成的具有意大利风味的主食。

2. 酵母复活：酵母复活是指将干酵母粉、少许白糖放在20℃~30℃的温水中，使酵母液膨发。

3. 主要工具：有独轮刀、面杖、刮刀、分刀、比萨盘、小秤、不锈钢盆、油刷等。

准备原料

饼馅材料	虾子250克、带子250克、银鳕鱼250克、银鱼柳50克、马苏里拉奶酪400克、盐7克、白胡椒粉5克、白兰地5克、柠檬1个（挤汁用）
馅　　汁	番茄汁500克
面皮材料	高筋粉300克、低筋粉200克、酵母7克、改良剂1克、水170克、盐5克、鸡蛋1/2个（作蛋液）、全脂奶粉60克、糖15克、黄油150克
调味品	牛膝草
用　　油	橄榄油50克

◆ **技能训练** ▶

1. 先用温热的白糖水将酵母"复活"。

2. 将面粉、改良剂过筛。

3. 将黄油熔化,鸡蛋去壳打散备用。

4. 将面粉开窝,放入酵母、改良剂、糖、盐、蛋液、黄油、奶粉和成面团。静置 20 分钟备用。

5. 将番茄汁加热备用。

6. 将虾子去壳去肠后一分二改刀成片。将带子改刀一分为二。将银鳕鱼切成条。将以上海鲜用盐、白胡椒粉、白兰地、柠檬汁腌制。

7. 用小火化开黄油,改用大火煸炒海鲜料至五成熟,滤去水分。

8. 将面团分成均等的 4 份,擀成等大等厚的面饼并戳上一些小孔。

9. 给烤盘刷油,放入面饼,抹上番茄汁,撒上馅料和银鱼柳丝。

10. 再撒上牛膝草,淋上橄榄油,最后撒上奶酪 100 克。

11. 将面饼放入已预热(底火 220℃、面火 270℃)的烤箱中,烘烤约 15 分钟至面皮成熟、奶酪上色即可。

◆ **拓展空间** ▶

通过更换馅料,可制作什锦蔬菜比萨、金枪鱼比萨、水果比萨、腌肉比萨、鸡肉比萨等。

◆ 温馨提示 ◆

1. 面皮不能太厚，并要扎孔，以免鼓出气包。

2. 面皮边上不要放馅料，以免馅心外流。

3. 一定要选择马苏里拉奶酪，否则扯不出长丝。

4. 马苏里拉奶酪是做比萨饼的首选原料，但从教学成本的角度出发，我们可选择价格相对较低的卡夫奶酪。

5. 复活酵母的用碗或盆要无油、无碱。

64
面食 意大利肉酱面
Spaghetti Bolognaise

◆ 知识要点 ◆

1. 牛膝草：牛膝草原产于地中海沿岸，现已在世界各地普遍栽培。其叶可用于调味，在意式菜中使用较为普遍。

2. 主要工具：有沙拉汁锅、大煎盘、炒勺、面火炉、意粉夹等。

◆ 准备原料 ◆

原　料｜高筋面条150克、肉酱100克、番茄汁50克、

调味品 | 奶酪粉 50 克、盐 2 克、胡椒 3 克、鸡粉 3 克、牛膝草 3 克
用　　油 | 黄油 100 克、菜油 50 克

◆ 技能训练 ◆

1. 将水烧沸后淋入少许油。将面条抖散放入锅中，用大火煮透后捞出冲凉。
2. 将肉酱、茄汁放入锅中加热，调味备用。
3. 用小火化开黄油，煸香牛膝草。改用大火炒面条，下调味料炒匀，并和入肉酱，搅匀。
4. 用意粉夹将面条夹入主菜碟中央，再撒上奶酪粉即可。

◆ 拓展空间 ◆

意大利面

意大利面，又称意粉，是选用最硬质的杜兰小麦制作而成，具有高密度、高蛋白质、高筋度等特点，其通体呈黄色，耐煮、口感好。意大利南部的人喜食干意粉，北部则流行吃新鲜意粉。在用沸水煮面时一定要先加入一小匙盐，盐量约占水量的1%，这样做出来的面才有味道。另外，加入盐还可以让面的质地更紧实、更有弹性。若要让面条保持弹性，就不要用过冷水这个方法，而是要拌少许橄榄油。若有余烫好的面没用完，也可拌入橄榄油稍微风干后冷藏。食用时，多配头菜、海鲜、白酒，酱料浓的则配红酒。

◆ 温馨提示 ◆

1. 要用沸水煮面，煮制时间大约为 12 分钟，用手掐中间无硬心即可。
2. 酱汁不宜收得太干。
3. 将面条装盘时造型要饱满。
4. 酱汁和面条要分别调味。

65

面食 茄汁通心粉
Macaroni with Tomato Sauce

◆ 知识要点 ◆

1. 通心粉：亦称通心面，在国外是极普通的面制品之一，一般选用淀粉丰富的粮食经粉碎、胶化、加味、挤压、烘干而成。各种各样的通心粉口感良好、风味独特。

2. 主要工具：有沙拉汁锅、炒勺、大煎盘、分刀、钢盆等。

◆ 准备原料 ◆

主　　料｜通心粉 150 克

配　　料｜青、红椒各 5 克，虾仁 100 克，洋葱，蘑菇

调味品｜番茄汁 30 克、盐 2 克、白胡椒粉 3 克、鸡粉 3 克、淡奶油 5 克

用　　油｜黄油 100 克、菜油 50 克

◆ 技能训练 ◆

1. 将水烧沸，淋入些食用油，放入通心粉煮至完全涨发断生后捞出冲凉。

2. 用黄油滑锅，依次放入青椒、红椒、虾仁、洋葱、蘑菇、通心粉、番茄汁，翻匀炒透。

3. 用盐、白胡椒粉、鸡粉调味，出锅前淋入少许淡奶油装盘即可。

◆ 拓展空间 ▶

还可根据客人口味，选用奶油汁、黑椒汁等进行操作。

◆ 温馨提示 ▶

1. 配料投放要有序。
2. 炒制时温度不要太低，动作要迅速。
3. 具体学习时为了减少等待时间，课前可先组织少数同学先煮好面条。
4. 可灵活选用肉类原料。

66
面食 焗意大利青面
Lasagne

◆ 知识要点 ▶

1. 意大利面食：意大利面食是由大麦粉、水和鸡蛋做成的主食。
2. 主要工具：制作焗意大利青面的主要工具有沙拉汁锅、蛋抽、分刀、炒盘、焗炉或烤炉、小方盒等。

◆ 准备原料 ◆

主　料｜高筋面粉 500 克、牛肉酱 500 克、菠菜 200 克
配　料｜鸡蛋 2 个、盐 5 克
调味品｜奶油沙拉汁 250 克、大孔芝士 250 克

◆ 技能训练 ◆

1. 将菠菜去梗，焯水，冲凉，改刀成菠菜碎。
2. 将高筋面粉过筛，加入盐、鸡蛋、菠菜碎，拌和成面团，静置 30 分钟。
3. 将面团擀成与模具底等大的面皮。
4. 将面皮投入沸水中煮至浮起，捞出冲凉。
5. 在模具盒内均匀地刷上食用油。
6. 将四层面皮码入模具盒内，每层中间抹上肉酱，再抹上奶油沙拉汁，撒上芝士。
7. 将半成品放入底火、面火均为 280℃的烤箱中烘烤至芝士金黄即可。

◆ 拓展空间 ◆

牛肉酱的制作

1. 将牛臀肉绞碎；将洋葱、白菌、芹菜、胡萝卜制成细粒，分别炒香。
2. 将锅用牛油滑过后炒面粉和番茄酱，出红油后和入"1"中的主配料，再加上红酒、番茄沙拉汁、布朗汁，烧开后用小火熬制 4~5 小时到酱汁黏稠，最后用盐、胡椒、牛肉精调味。

◆ 温馨提示 ◆

1. 面团一定要静置，以利于擀制面皮。
2. 煮熟的面皮要及时冲凉，以防粘连。
3. 奶酪要选择干奶酪，可增加风味。
4. 入炉烤至上色即可。
5. 和面时可根据时令选用不同的蔬菜汁，如胡萝卜汁等。
6. 肉酱用肉要选用坐臀肉，其胶质多。

67
面食 意大利菠菜开心果饺子
Ravioli with Spinach and Pistachio Nut

◆ 知识要点 ◆

1. 怎样鉴定面粉优劣：（1）看：优质的面粉色泽白或微黄，用手捏时呈细粉末状，紧握于手中放开不成团。劣质的面粉色泽暗淡，呈灰白、黄色，甚至青灰色，颜色不均匀，捏时有粗粒感，有虫。（2）闻：优质的面粉无味；劣质的面粉微有异味、霉味、酸味。劣质的面粉抓紧成团有凉爽感，面粉中含水量过高。（3）尝：味淡而微甜为优质面粉；微有异味、刺喉，嚼时有沙声为劣质面粉。

2. 主要工具：有搅拌机、模具、手动压面机、沙拉汁锅、煎锅、分刀、菜砧、黑色圆碟等。

◆ 准备原料 ◆

主　料｜高筋面粉 100 克、菠菜叶 100 克、鸡蛋 50 克
配　料｜洋葱末 5 克、猪肉末 100 克、牛肉末 100 克、开心果碎 50 克、软奶酪 100 克、淡奶油 200 毫升、牛奶 100 毫升
调味品｜盐 5 克
装饰料｜法香 5 克、细菊 5 克、樱桃番茄 1 颗

◆ 技能训练 ◆

1. 将菠菜叶洗净，焯水后冷透，用搅拌机制成菜泥备用。
2. 将高筋面粉、盐、鸡蛋、菠菜泥和成菠菜面皮。
3. 将洋葱末、猪肉末、牛肉末、开心果碎、软奶酪碎混合，加入牛奶、盐拌匀，制成饺子馅。
4. 将菠菜面皮放于模具中，饺子馅置于面皮中央，再放一片面皮盖于馅上，合上模具，捏制成饺子。

5. 将饺子放入沸水中煮透,待其浮起后捞出过冷水备用。

6. 往煎锅内加入淡奶油,将饺子倒入淡奶油中略煮,至汁稠浓。

7. 用浓汁垫底,将饺子盛入盘中,撒上开心果碎、法香碎,樱桃番茄陪衬于边上即可。

◀ 拓展空间 ▶

坚果

坚果,果皮坚硬,内含一粒或多粒种子,富含人体必需的不饱和脂肪酸、镁、磷、钙、蛋白质和维生素B,营养十分丰富,可作西餐配料。

◀ 温馨提示 ▶

1. 面筋松弛时间要够,防止饺子皮过硬,影响口感,且更易成型。

2. 不能将奶油倒入温度过高的锅中,以避免奶油粘锅糊化。

3. 要保持奶油的香味和色泽,就不能久煮奶油。

模块 8
西式早餐

68
早餐 单面煎蛋
Sunny-side up Eggs

◆ 知识要点 ▶

1. 西式早餐的特点：西式早餐的特点是选料精细，粗纤维少，营养丰富。

2. 煎蛋：煎蛋是常见的蛋品之一，一般一份两个鸡蛋，还可以加上火腿、香肠、培根等辅料。

3. 煎蛋的种类：根据烹调方法不同，可将煎蛋分为以下三种：

（1）单面煎蛋（Sunny-side up）：利用小火煎制鸡蛋的一面，使蛋白凝结，蛋黄成流质状即可。

（2）双面煎蛋（Both/Double Sides）：利用中火煎制鸡蛋的两面，使蛋白凝结色微黄，蛋黄不能流动即可。

（3）法式煎蛋（Over Easy）：利用中火煎制鸡蛋的两面，使蛋白凝结成白色，蛋黄成流质状即可。

4. 主要工具：制作煎蛋的主要工具有小号平底煎锅、小碗、炒勺等。

◆ 准备原料 ◆

主　料｜鸡蛋2个
配　料｜咸肉2条、土豆饼2个
调味品｜盐1克、胡椒粉1克
用　油｜净油10毫升

◆ 技能训练 ◆

1. 把鸡蛋轻轻打入碗内，撒上盐、胡椒粉。
2. 把油加热至120℃，放入鸡蛋，煎至蛋白凝固，铲出，滤净油脂装盘。
3. 配上咸肉、土豆饼。

◆ 拓展空间 ◆

西式早餐的种类

1. 英美式早餐：英美式早餐品种丰富，通常由动物蛋白质、谷类食物、饮料等组成。动物蛋白质以蛋类、肉类等为主；谷类食物多选用面包、麦片、玉米片等；饮料有果汁、咖啡、红茶、牛奶等。

2. 大陆式早餐：大陆式早餐比较简单，主要由各种面包、黄油、果酱及饮料等组成。

◆ 温馨提示 ◆

1. 煎蛋时要用专用的锅。煎蛋前，要将锅烧透后滑油，油的量不宜太多。
2. 要选用新鲜不散黄的鸡蛋。
3. 煎蛋时动作要轻巧，火候以中小火为宜，以防把蛋黄碰散。

69
早餐 蘑菇蛋卷
Mushroom Omelet

知识要点

1. 煎蛋卷：又称炒蛋卷或煎蛋角，英文是 Omelet，常被译为"奄列"，是西式早餐中常见的蛋类制品之一。其形状有呈椭圆形棱状的蛋卷和呈半圆形平面状的蛋角两种。煎蛋卷最早起源于西班牙，现已在西方广泛流行，主要出现在早餐中。制作煎蛋卷有一定技术性。

2. 主要工具：有小号平底煎锅、小碗、炒勺等。

准备原料

主　　料｜鸡蛋 2~3 个，蘑菇 20 克
调味品｜盐 2 克、胡椒粉 2 克
用　　油｜黄油 10 克

◀ 技能训练 ▶

1. 将蘑菇洗净，切成片，用少量油炒一下，加盐、胡椒粉调味。
2. 将鸡蛋打入盆内，加入盐、胡椒粉打散，直至蛋清、蛋黄混为一体。
3. 将煎盘加热，放入黄油，待黄油冒泡时加入蛋液。
4. 用炒勺连续不断地搅动蛋液，直至混合物轻微凝固，加入炒好的蘑菇片。
5. 撤火，将蛋饼翻过 1/3。
6. 倾斜煎盘，并轻敲煎盘，使蛋饼完全卷起呈椭圆形。
7. 将蛋卷取出，放入盘内。

◀ 拓展空间 ▶

洋葱培根蛋卷（Onion Bacon Omelet）的制作方法同蘑菇蛋卷，用洋葱和培根代替蘑菇即可。

◀ 温馨提示 ▶

1. 要事先将蘑菇炒制成熟并先调味。
2. 将蛋液下锅时火不宜太大。
3. 用油要适量，油过多、过少都不易打卷。
4. 动作轻快，要掌握在鸡蛋尚未完全凝固时打卷的技能。

70
早餐 炒糊蛋
Scrambled Eggs

◀ 知识要点 ▶

1. 炒糊蛋：又称熘糊蛋、合拢蛋。
2. 主要工具：有小号平底煎锅、不锈钢盆、蛋抽、炒勺等。

◆ 准备原料 ◆

主　料｜鸡蛋 8 个、薄片烤面包 1 片
调味品｜盐、胡椒粉适量
用　油｜黄油 50 克

◆ 技能训练 ◆

1. 把鸡蛋打入碗内，加盐、胡椒粉调匀。

2. 将锅烧透，把 1/2 黄油化开，倒入蛋液，用小火加热，并不断用木铲搅动，待鸡蛋稍微凝固时撤火，加入剩余的黄油，搅拌均匀。

3. 给烤面包片抹上黄油，放入盘内，把炒糊蛋倒在面包片上即可。

◆ 拓展空间 ◆

黄油

若用鲜奶提取黄油，要把奶放在一个筒状容器中，用带有圆板的棍子不停地上下搅拌，在搅拌了大约几百次之后，就会在奶的表面漂起一些白色的半固体物质，用筛子捞出白油，挤干水分，再经过提炼就变成了黄油。若从奶皮子中提取黄油，则要在奶皮子攒多以后，经过一夏天晾干，然后将其放入锅中煮，慢慢搅动，渐渐地就可以看见锅中分离出上下两层：上层黄色，下层白色，黄色的油脂便是黄油了。

黄油营养极为丰富，是奶食品之冠。一般 10 千克牛奶才可提取 0.5 千克左右的黄油，足见其珍贵。

温馨提示

1. 操作前要将锅洗刷干净，烧干水分。
2. 要修掉烤面包片的硬边。
3. 动作迅速，不能使鸡蛋结块。
4. 油量要少，油温要低，以免油腻，影响上色。

71
早餐 煮鸡蛋
Boiled Eggs

知识要点

1. 煮鸡蛋：将鸡蛋放入沸水锅后改中小火煮制。根据客人的要求来把握成熟度。嫩鸡蛋煮 2~3 分钟，老鸡蛋煮 5~7 分钟。不宜煮得太久，10 分钟以上蛋白质会逐渐老化，不易消化吸收。

2. 主要工具：制作煮鸡蛋的主要工具有沙拉汁锅、漏勺等。

准备原料

主料 | 鸡蛋 2 个
配料 | 火腿 2 片、土豆饼 2 个

◆ 技能训练 ◆

1. 将鸡蛋擦洗干净后备用。
2. 锅中加水,烧沸后放入鸡蛋。
3. 用中小火煮至所需成熟度,配上煎好的土豆和火腿。

◆ 拓展空间 ◆

如何鉴别鸡蛋

鉴别新鲜鸡蛋通常从以下几方面进行:

1. 看:新鲜的鸡蛋蛋壳比较毛糙,有一层白霜,色泽鲜明清洁;陈蛋表皮光滑发亮,气孔大;霉蛋外壳有灰黑斑点;臭蛋的外壳则呈乌色,表皮发涩。

2. 触:新鲜鸡蛋拿在手中发沉,有压手感;陈蛋分量较轻。

3. 听:把鸡蛋夹在两指之间,靠近耳边轻摇听声,或将几个蛋放在手中相互轻碰听声,如果声音实沉,则为鲜蛋;如果声似敲瓦块儿声,则是贴皮蛋或臭蛋;如果是空声,则蛋空头大;如果是"啪啪"声,则蛋有裂纹。

4. 照:将鸡蛋对着日光灯或阳光照,新鲜的鸡蛋呈微红色,半透明,蛋黄轮廓清晰;变质的鸡蛋则昏暗不清。

◆ 温馨提示 ◆

1. 煮蛋时,水开后改中小火,保持微沸即可。
2. 出餐时用两个鸡蛋架托住。
3. 要挑选新鲜、外壳完整的鸡蛋。如从冷库中取出鸡蛋,则要拿到室温下或温水中放置 5 分钟,以免蛋壳破碎。

72
早餐 薄烤饼
Pancakes

◀ 知识要点 ▶

1. 薄烤饼：薄烤饼的英文名为 pancakes，又称烙饼和热蛋糕，是用牛奶、鸡蛋、淀粉混合后的面糊制成。薄烤饼在烤盘中制成。

2. 华夫：华夫同薄烤饼，只是在一种专用工具上制成。

3. 主要工具：制作薄烤饼的主要工具有班戟炉、华夫炉、不锈钢盆、蛋抽、安士秤、量杯、勺子、班戟挤炉等。

◀ 准备原料 ▶

主料 ｜ 面粉 500 克
配料 ｜ 糖油 200 克、牛奶 750 克、鸡蛋 5 只、泡打粉 5 克
用油 ｜ 食用油 50 克

◀ 技能训练 ▶

1. 将面粉过筛、鸡蛋打成液过筛。

2. 将糖油、牛奶、鸡蛋倒入一个不锈钢盆中先用蛋抽搅打均匀。

3. 分三次将面粉加入牛奶和鸡蛋液中，拌匀。

4. 加入泡打粉和食用油，拌匀。

5. 在预先加热到160℃的班戟炉上抹一层薄薄的油。

6. 将薄饼糊倒入班戟挤炉中，挤出的面糊在炉面摊开呈6~8厘米的薄饼。

7. 将薄饼煎至双面金黄即可。

◆ 拓展空间 ◆

枫树糖浆

枫糖含有丰富的矿物质、有机酸，热量比蔗糖、果糖、玉米糖等都低，但是它所含的钙、镁和有机酸成分却比其他糖类高很多，能为体质虚弱的人补充营养。

据说在大约1600年前，就已经有加拿大原住民——印第安人发现了枫糖，即"印第安糖浆"。它是一种清香可口、甜度适宜、润肺健胃的甜食，并用"土法"在枫树树干上挖槽、钻洞采集枫树液，也称"枫树糖浆"。

按照加拿大联邦政府的规定，枫糖浆可按颜色、透明度和口味分成三个等级：最高等级有浓厚的枫树原味，可直接吃；第二等级口味稍差点，颜色是琥珀色；第三等级颜色最深，适合当食品添加剂。枫糖浆的通常吃法是直接淋在薄烤饼上吃。

◆ 温馨提示 ◆

1. 不要将面糊搅拌过头，否则会上筋，使成品口感变硬。

2. 一定要在调制好面糊后再放泡打粉，以保证成品膨松。

3. 搅制时顺一个方向，力要柔一些，不宜太久，否则面会发硬。

4. 煎制时注意观察成品的状态，当薄饼表面充满气泡看上去干燥时即可翻面。

73
早餐 华夫饼
Waffles

◆ 知识要点 ◆

1. 泡打粉：又称发粉，简称 BP，是由苏打粉配合其他酸性材料，并以玉米粉为填充剂的白色的粉末，经常用于蛋糕及西饼的制作。泡打粉在接触水分、酸性及碱性粉末时会起反应，有一部分会释放出二氧化碳，在烘焙加热的过程中还会释放出更多的气体，这些气体会使产品达到膨胀及松软的效果。

2. 主要工具：有蛋抽、不锈钢盆、小秤、华夫炉等。

◆ 准备原料 ◆

主料 | 西式煎饼粉 500 克、鸡蛋 4 只、蜂蜜 100 克、牛奶 200 克

配料 | 草莓 250 克、泡打粉 8 克、糖粉 50 克

用油 | 油 20 克

◆ **技能训练** ▸

1. 将鸡蛋、蜂蜜、牛奶调成鸡蛋牛奶液。
2. 在西式煎饼粉中放入鸡蛋牛奶液、泡打粉和油,混合均匀,制成面糊。
3. 将华夫炉预热,刷少许油。
4. 将适量面糊倒满在预热的铁格子上,关上铁格。
5. 将饼液加热至指示灯灭即可取出。
6. 将华夫饼放入盘中,淋上蜂蜜,再将糖粉撒在草莓上,搭配上牛奶即可。

◆ **拓展空间** ▸

面粉的分类

1. 按用途可将面粉分为专用面粉,如面包粉、饺子粉、饼干粉等;通用面粉如富强粉;营养强化面粉如增钙面粉、富铁面粉等。
2. 按品质可将面粉分为精制级、特制一等、特制二等和标准等不同等级。
3. 按筋力的强弱可将面粉分为强筋粉、中筋粉和低筋粉。

◆ **温馨提示** ▸

1. 制作华夫饼的面粉要选用低筋粉,搅制时顺一个方向,力要柔一些,不宜太久,否则面会发硬。
2. 可根据季节的变换和客人的要求在面糊中加入西梅干、蓝莓等干果。

74
早餐 麦片粥
Oatmeal Porridge

◆ **知识要点** ▸

1. 谷类食物:谷类食物是燕麦片和玉米片。燕麦片通常是用压扁的燕麦当原料,也有用碾碎的燕麦粒当原料的;玉米片是在经过压缩处理的玉米粒上洒上调味液，再经烘干后稍加烘烤制成的。

2. 主要工具：制作麦片粥的主要工具有沙拉汁锅、不锈钢盆等。

◀ 准备原料 ▶

主　料 | 麦片 150 克、清水 500 克、牛奶 250 克
调味品 | 糖 150 克

◀ 技能训练 ▶

1. 提前 10 分钟把麦片用 250 克清水泡软。

2. 上火煮沸剩下的水，加入泡好的麦片煮 5 分钟左右，等麦片糊化后倒入牛奶煮 2 分钟。

3. 放入糖，烧沸即好。

◀ 拓展空间 ▶

麦　片

麦片（cornflakes），是一种以玉米原料加工而成的食品，分为普通麦片和燕麦片。它曾经是第一种被工业化生产的早餐谷物食品。麦片通常被放在牛奶和果汁里，或做成麦片粥加以食用。由于麦片食品的制作过程简单，而且省时，只要经过水泡就可以食用，所以受到了很多人的欢迎。

◆ 温馨提示 ▶

1. 煮前先泡麦片，可缩短煮制时间。
2. 水开后下麦片，以免煳底。要控制好水的总量。
3. 牛奶要后放，以免营养损失。

75
早餐 煎面包
Fried Bread

◆ 知识要点 ▶

1. 方面包：方面包即 toast，音译吐司，国内也叫枕头面包。它是在高筋面粉中加入酵母、盐、牛奶、白糖和黄油，经充分揉和并醒发后放入特制的模具中烤制而得的一种面包。其在三明治和早餐中使用较多。

2. 主要工具：有煎锅、齿刀、夹子、不锈钢盆等。

◆ 准备原料 ▶

主料 | 方面包 4 片、鸡蛋 5 只、牛奶 30 毫升
配料 | 糖粉 25 克、草莓果酱 50 克
用油 | 净油 15 毫升

◆ 技能训练 ◆

1. 把方面包切去硬边,对开成两半,中间抹上果酱。
2. 把鸡蛋、牛奶调匀,放入面包泡透。
3. 把油加热至120℃,将面包两面煎成金黄色,沥去油,放入盘内撒上糖粉即可。

◆ 拓展空间 ◆

糖粉

糖粉(英文 Icing Sugar),为洁白的粉末状糖类,含有3%~10%的淀粉混合物(一般为玉米粉),颗粒非常细,有防潮及防止糖粒板结的作用。也可直接用网筛过滤糖粉,直接筛在西点成品上作表面装饰。

◆ 温馨提示 ◆

1. 要选用带甜味的方面包。
2. 切面包时压住面包的手用力要轻一些,以免面包变形。
3. 将馅心抹在面包中央即可,否则易漏馅。
4. 煎制时注意投放的先后顺序,先放的先翻。
5. 煎制时温度不宜太高,时间不宜太久,以免面包发硬。

◆ 思政教学资源 ◆

让工匠精神照亮职业生涯

2020年12月10日,习近平总书记致信祝贺首届全国职业技能大赛举办,强调职业教育要"大力弘扬劳模精神、劳动精神、工匠精神""培养更多高技能人才和大国工匠"。在长期实践中,我们培育形成了"执着专注、精益求精、一丝不苟、追求卓越的工匠精神"。迈向新征程,扬帆再出发,社会急需一大批具有工匠精神的劳动者,亟待让工匠精神在全社会更加深入人心。请组织学生(员工)参加由劳模或饭店业务骨干主讲的座谈会及报告会等,与"劳模精神""工匠精神"面对面。

模块 9
西式快餐

76 总汇三明治
Club Sandwich

◆ 知识要点 ◆

1. 三明治：三明治是英文 Sandwich 的音译，是一种典型的西方食品，以两片面包夹几片肉和奶酪及各种调料制作而成，吃法简便，广泛流行于西方各国。

2. 主要工具：有多士炉、齿刀、牛油刮刀、菜砧等。

◆ 准备原料 ◆

主　料｜方面包片 3 块、生菜叶 3 片、番茄 4 片、鸡蛋 1 个、火腿 2 片、鸡胸肉 50 克、土豆条 150 克

调味品｜番茄酱

用　油｜黄油适量、净油适量

◆ 技能训练 ◆

1. 将面包片放入预热至 120℃ 的多士炉中，烘烤至两面金黄，刮上牛油。

2. 将生菜叶洗净滤干水分，番茄切片。

3. 将鸡蛋搅散后煎成全熟蛋饼。

4. 将火腿煎香，鸡肉煎香、拍散。

5. 将土豆条炸好备用。

6. 将配料夹入面包片中，用齿刀切掉硬边，对角切成两个三角，放入碟中。

7. 碟中放入炸好的土豆条，配以番茄酱即可。

◀ 拓展空间 ▶

三明治

三明治源于英格兰东部的三明治镇。此镇有一伯爵名叫三明治，很爱玩桥牌，玩起牌来废寝忘食，那里的厨师为了迎合主人，自制一些面包夹肉的食品，供伯爵边玩牌边吃，深得伯爵喜欢。由于这种食品制作简单，营养丰富，又便于携带，所以很快在各地流行起来，并以"三明治"命名。

◀ 温馨提示 ▶

1. 要将多士炉预热后再放入面包片。要把握好烘制时间，以色泽金黄为好。

2. 要将面包片的硬边修掉，否则影响口感。

3. 面包夹馅要均匀，否则切开后易散开。

4. 切面包时，左手要虚压面包，右手适度用力切制，以保证馅料不散。

5. 要将生菜、番茄滤干水，否则烤好的面包片会不香。

77

快餐 香辣鸡汉堡
Fragrant Spicy Fried Chicken Hamburger

◆ 知识要点 ▶

1. 汉堡包：汉堡包是英文 Hamburger 的音译。牛肉汉堡包（Hamburg Steak），原是德国汉堡的一种油炸牛肉饼，19 世纪末由德国传入美国。1932 年有人将这种油炸牛肉饼夹入表面撒有芝麻的小圆面包中作为主食或点心食用，所以得名汉堡包，意为有汉堡牛肉饼的面包。

2. 主要工具：有晒炉、齿刀、牛油刮刀、分刀、沙拉汁锅、漏勺等。

◆ 准备原料 ▶

主　　料 | 大圆面包 1 个、净鸡肉 150 克
腌　　料 | 鸡蛋 1 个、玉米淀粉 10 克、香辣炸粉 20 克
配　　料 | 生菜 3 片、番茄 5 片、酸黄瓜 1/3 根、炸土豆条 150 克
调味品 | 沙拉酱 50 克、盐 2 克
用　　油 | 牛油 15 克

◆ 技能训练 ◆

1. 将大圆面包略冻后拦腰切两半，抹上牛油后放入晒炉，将面包内侧晒上色。

2. 将鸡肉用分刀改成薄片，用鸡蛋液、香辣炸粉、玉米淀粉腌制10分钟。

3. 将鸡肉放入180℃的热油中慢火炸至金黄色后捞出。

4. 在两片面包中依次放入生菜、炸好的鸡肉、番茄片、酸黄瓜片，再涂抹上一些沙拉酱。

5. 配上炸土豆条和番茄酱即可。

◆ 拓展空间 ◆

汉堡

近年来，汉堡中除了夹传统的牛肉饼外，还在圆面包的第二层涂以黄油、芥末、番茄酱、沙拉酱等，再夹入番茄片、洋葱、生菜、酸黄瓜等，就可以同时吃到主副食。这种食物食用方便、风味可口、营养全面，现在已经成为畅销世界的方便主食之一。

◆ 温馨提示 ◆

1. 要选用硬质面包，以增加香脆度。

2. 适量的蔬菜可解腻，可根据客人的需要搭配。

3. 可根据客人口味灵活添加沙拉酱。

4. 选用玉米淀粉可增加鸡肉的嫩度，但成本较高。

模块 10

开那批

78
创新 鸭脯黄瓜卷
Duck Breast and Cucumber Rolls

◆ 知识要点 ◆

1. 开那批：开那批是一种以脆面包片、脆饼干为底托，上面放各种少量的或小块的特色菜肴的开胃菜。这些特色菜肴有小块冷肉、冷鱼、鸡蛋片、酸黄瓜、鹅肝酱或鱼子酱等。实际上，许多西餐专家直接称开那批为开放型的小三明治。此外，以脆嫩的蔬菜或者鸡蛋为底托的小型开胃食品也被称为开那批。

2. 主要工具：有分刀、菜砧、煎锅、瓜刨、竹扦、多士炉、长条碟等。

◀ 准备原料 ▶

8 人份

主　　　料｜鸭脯肉 300 克、迷你黄瓜 100 克

蔬菜汁料｜洋葱 30 克、芹菜 50 克、迷迭香 5 克

配　　　料｜橙子 200 克、无公害芽菜 10 克、白麦面包 4 片、黑橄榄 8 粒、
　　　　　　薄荷叶 5 克

调 味 品｜盐 10 克、李派林酱油 10 毫升、红酒 15 毫升

用　　　油｜软黄油 30 克

◀ 技能训练 ▶

1. 将洋葱及芹菜洗干净切成细条，加入调味料及迷迭香，用手挤出蔬菜汁。

2. 将鸭脯放入蔬菜汁中腌制 30 分钟。

3. 将煎锅烧热，把腌制好的鸭脯肉煎至表面金黄色，放入烤箱（底火 180℃，面火 200℃）烤至七分熟，冷却备用。

4. 将橙子去皮取肉呈月牙形，并将芽菜洗净备用。

5. 将黄瓜洗干净，用瓜刨刨成长条片，将鸭脯切成薄片。将黄瓜片与鸭脯肉片相叠，加入芽菜，卷起备用。

6. 将白麦面包切成长方形，涂上黄油，烤成金黄色，上面放鸭肉卷，肉卷上放橙肉及黑橄榄，用竹扦穿起，用薄荷叶点缀装饰。

◀ 拓展空间 ▶

烤制的鸭脯可以用牛肉、猪肉及鸡肉替换，也可用生菜搭配。

◀ 温馨提示 ▶

1. 最好将鸭脯肉提前腌制 4 小时以上，这样更利于入味。

2. 给每一片橙子取肉时仅取中间部分入菜，这部分口感好、汁水多。

3. 鸭脯肉不能烤至全熟，否则会影响口感。

79
创新 脆皮吞拿鱼塔
Crispy Tuna Tart

◀ 知识要点 ▶

    1. 塔：塔是英文"tart"的音译，意指馅料外露的馅饼。

    2. 主要用具：有分刀、菜砧、沙拉汁锅、汤勺、不锈钢碗、小勺等。

◀ 准备原料 ▶

8人份

主料｜吞拿鱼罐头 100 克

配料｜方云吞皮 16 张、熟鸡蛋 2 个、杧果肉 100 克、番茄 50 克、洋葱 50 克、鲜罗勒 20 克

味汁｜马乃司沙拉汁 50 克

用油｜菜油 500 克

◀ 技能训练 ▶

1. 用沙拉汁锅将油预热至四成热,将两张云吞皮错开放入一个汤勺内,上面另压一个汤勺,然后放入油锅中将云吞皮炸至金黄色。
2. 将熟鸡蛋、杧果、番茄及洋葱改刀切成粒,并拌入马乃司沙拉汁备用。
3. 将吞拿鱼拌入马乃司沙拉汁中备用。
4. 将拌好的熟鸡蛋粒、洋葱粒放在炸好的云吞皮内,然后放入吞拿鱼,再用小勺分别盛上杧果粒及番茄粒,用鲜罗勒碎装饰即可。

◀ 拓展空间 ▶

可用海虾、八爪鱼等新鲜海产品代替吞拿鱼。

◀ 温馨提示 ▶

1. 云吞皮也可用春卷皮代替。
2. 炸制云吞皮时油温不宜过高,要用低油温浸炸。

80
创新 番茄芝士塔
Tomato and Cheese Tart

知识要点

1. 金文拔奶酪（camembert cheese）：又叫金文必乳酪、金文毕乳酪，其外皮为白色，经霉菌熟化，内部为奶油色；奶酪未成熟时有淡香味，越接近成熟，奶酪的味道就越浓。

2. 主要用具：有分刀、菜砧、沙拉汁锅、蛋抽、细筛、不锈钢盆等。

准备原料

8人份

主料｜鸡蛋液150克、牛奶100毫升、水50克、樱桃番茄50克、金文拔奶酪100克、成品蛋塔壳8个

配料｜罗勒叶5克、蓝莓干15克

技能训练

1. 把蛋塔壳从冷冻室取出，解冻备用。

2. 将鸡蛋液倒入不锈钢盆，加入牛奶及水搅拌均匀，用细筛过滤。

3. 将过滤后的蛋液倒入蛋塔壳里至2/3满，放入烤箱烤熟（底火200℃，面火180℃）。

4. 将番茄与罗勒叶洗干净并将番茄切成片。将金文拔奶酪切成小三角形，备用。

5. 等烤熟的蛋塔冷却后，面上分别放入番茄与奶酪，插入罗勒叶，撒上蓝莓干即可。

拓展空间

熟蛋塔上可以选择搭配水果类、香肠类及烤肉类食材。

温馨提示

1. 蛋塔中的蛋液要熟透一些，以便承得住面上的食材，便于塑形。

2. 成品蛋塔壳在烘制前不宜解冻过度；要将罗勒叶表面的水分擦干。

模块 11
简单的分子料理

81
创新 分子球化技术——杧果球
Molecular Spheroidization Technology—Mango Ball

◆ 知识要点 ◆

1. 分子球化技术：分子球化技术就是将液体胶化、做成球形的技术。利用些技术可以做成鱼子酱、蛋黄等不同类型及大小的球体。球化过程通常是让一种含海藻胶的液体与一种含钙的液体发生反应，反应后其表面迅速凝结形成一层薄膜。

2. 主要工具：有勺、电子秤、食物料理机、不锈钢小漏勺、玻璃碗等。

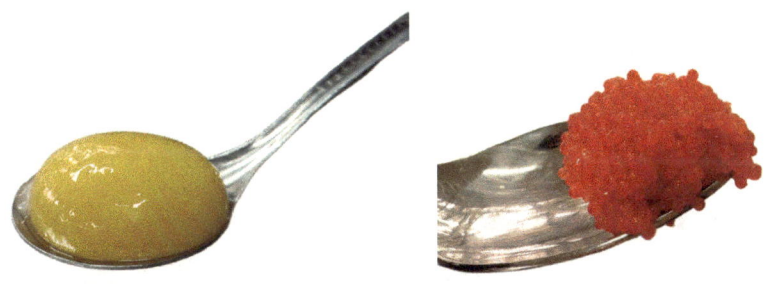

◆ 准备原料 ◆

主料 | 乳酸钙 7 克、水 1000 毫升、浓缩杧果汁 200 克、海藻胶 1.5 克

第二篇 西餐制作 | 169

技能训练

1. 将乳酸钙放入水中，充分搅拌制成乳酸钙溶液。用玻璃碗盛放。

2. 在杞果汁中加入海藻胶，用料理机充分搅匀，撇去泡沫，用玻璃碗盛放，静置一下等泡沫完全消除。

3. 用勺舀起杞果汁放入乳酸钙溶液中，浸泡2分钟后杞果汁会固化成球。浸泡时缓慢摇动勺子，使杞果汁和乳酸钙溶液完全接触。

4. 用清水漂洗杞果球，即做成酷似蛋黄的杞果球。

拓展空间

分子球化技术——鱼子酱

原料：胡萝卜汁200克、海藻胶1.5克、乳酸钙3克、水1000毫升

做法：

1. 将海藻胶加到水中，充分搅拌静置到泡沫消除。

2. 在胡萝卜汁中加入乳酸钙，用料理机充分搅匀，沉淀，去杂质。

3. 用一次性注射器吸取胡萝卜汁，缓慢加到海藻胶水溶液中，浸泡2分钟。胡萝卜汁会固化成鱼子状，用漏勺捞起。

4. 用清水漂洗胡萝卜汁球，即做成酷似鱼子的胡萝卜汁球。

82
创新 烤海虾龙利鱼配柠檬泡沫
Roasted Shrimp and Sole Fish with Lemon Foam

知识要点

1. 分子料理：分子料理是通过不同的烹饪技法，如控制烹调时间或温度，或加入不同添加剂，使食物发生变化的一种烹调方式，是时下比较流行的烹饪技法。

2. 大豆磷脂：大豆磷脂是加工大豆油的副产品，为加工过程中沉淀的磷脂质。大豆磷脂可以使油水融合，只需在原液中加入适量的磷脂粉，快

速搅拌，就可以产生稳定的泡沫。在烹调中，不同酱汁可以加入适当的大豆磷脂粉，会产生不同的泡沫。

3. 主要工具：有烤箱 1 台、沙拉汁锅 1 个、手持式搅拌机 1 台、电子秤 1 台、菜砧 1 块、分刀 1 把、不锈钢盆 1 个、圆餐碟 1 个等。

◆ 准备原料 ▶

主　　料｜龙利鱼 250 克、海虾 5 个

腌　　料｜莳萝 20 克、柠檬角 2 个、橙皮碎 20 克

配　　料｜土豆 1 个、红甜椒 30 克、西蓝花 10 克、柠檬泡沫 10 克

调味品｜马苏里拉芝士 50 克、海盐 2 克

用　　油｜橄榄油 10 毫升

◆ 技能训练 ▶

1. 将龙利鱼、海虾用莳萝、柠檬角及橙皮碎腌制 4 小时备用。

2. 给腌制好的龙利鱼、海虾覆盖上芝士碎，放入烤箱中，用 150℃加热 20 分钟。

3. 将土豆切成细丝，炸至金黄色后放入盘底，配上焯好水的红甜椒和西蓝花；放上烤好的龙利鱼和海虾；淋上柠檬泡沫，撒上海盐，用柠檬角等点缀即可。

拓展空间

柠檬泡沫的制作

原料：柠檬汁 200 克（青柠檬最好）、水 200 克、盐 3 克、糖 16 克、大豆磷脂 2 克

做法：

1. 把大豆磷脂、青柠檬汁和水混合均匀。

2. 用搅拌机搅拌至磷脂完全融化。

3. 打出细腻、浓密的泡沫，即可用来装饰。

温馨提示

1. 可以使用新鲜香草腌制龙利鱼，使龙利鱼吃起来有香草的特殊香味，腌制时间越长越好。

2. 如果是碱发冰冻的龙利鱼，操作前要用流水浸泡至碱味消失。

3. 低温（130℃左右）烤制海产品能较好地保持食物的原汁原味和外形。

后 记

《西餐制作》第 1 版教材由桂林市旅游职业中等专业学校顾健平、姚路平、阳笑松、周建华、张哲在 2008 年首版《西餐制作教与学》的基础上修改编写。该版教材保留了《西餐制作教与学》中的经典菜式，同时更新了近十年来烹饪行业最流行的菜式及其做法，并对菜式的装盘、摆盘技术进行了美化和精心设计。本版教材由顾健平任主编，姚路平、阳笑松、周建华、张哲任副主编。阳笑松完成了第 20-23、69-72 共计 8 个菜式的编写和菜品制作；周建华完成了第 24-26、57、73-75、85 共计 8 个菜式的编写和菜品制作；张哲完成了第 11、96-102 共计 8 个菜式的编写和菜品制作；顾健平和姚路平共同完成了西餐厨房基础和剩余 78 个菜式的编写和菜品制作；赵桂珍完成了西餐厨房基础的配图工作、各菜式原料的分类工作，英文词汇的编写校对工作，以及"西餐制作常用香草及香料""西餐烹饪方法"和"拓展空间——意大利米"的资料整理和编写工作；"在线听力""以葡萄品种命名的世界知名葡萄酒品牌""西餐与葡萄酒的搭配"二维码教学资源由教材编写组整理制作。

《西餐制作》第 2 版教材由桂林市旅游职业中等专业学校顾健平主持修订，主要根据西餐岗位实操需要，选择典型工作任务拍摄制作了 8 个教学微视频，内容涉及西餐沙拉类、热菜类的制作，由顾健平、姚路平、罗彬彬、陶勇、阳笑松、周建华、张哲共同完成。

《西餐制作》第 3 版教材由桂林市旅游职业中等专业学校和旅游教育出版社组成的编写团队共同修订完成。此次修订，对教材内容做了较大幅度调整，主要按西餐上菜顺序对各模块内容进行重组，删减合并了同类菜品，将学习模块由第 2 版的 17 个压缩为 11 个。具体讲，将模块 3-7 的"汤类"菜品全部合并为"汤"；将模块 10-12 的各类面点全部合并为"甜点"。经合并，菜品数量由 97 道减为 78 道。文前的"教学及考核建议"参考了桂林市旅游职业中等专业学校蒋湘林老师主编的同系列教材《西式面点制作》；思政教学资源由贵州水利水电职业技术学院栾鹤龙提供。

教材的编写是一个不断完善的过程，恭请各位专家对本教材批评指正。

作者

2023 年 5 月